Marianne Kelnberger

Mathematik kompakt

4. Jahrgangsstufe Bd. I

ISBN 978-3-89291-**284-2**

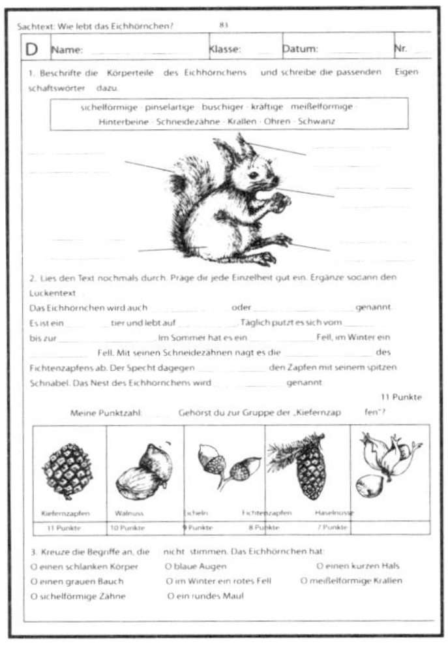

Geschichten und Erzählungen
Kimis Flug ins Ungewisse
Die gruseligste Nacht in Tinas Leben
Der Pfingstspatz (Franz Hohler)
Hannes fehlt (Ursula Wölfel)
Rita ärgert sich (Rolf Krenzer)

Fabeln, Schwank
Der Rabe und der Fuchs (Äsop)
Die Stadtmaus und die Feldmaus (Martin Luther)
Der Hase und die Schildkröte (Äsop)
Der Wettlauf zwischen Hase und Igel
Der Fuchs und der Ziegenbock (Äsop)
Der Müller und sein Sohn (Frans Haacken)

Märchen, Sage
Swimmy (Leo Lionni)
Jorinde und Joringel (Gebrüder Grimm)
Prinzessin und Prinz: (Märchen erfinden)
Rübezahl und die Wandergesellen
Legende, Gleichnis
Der heilige Nikolaus (Volksgut)
Der heilige Martin (Nacherzählung)
Gleichnis vom verlorenen Sohn (Lukas)

Gedichte
Wenn das M nicht wär' erfunden (James Krüss)
Das Kostbarste (Helmut Zöpfl)
Der Herbst (Akrostichon)
Ferienzwölfchen schreiben können
Das große, kecke Zeitungsblatt (Guggenmos)
Sonnengesang (Franz von Assisi)
Wann sind Freunde wichtig? (Georg Bydlinski)
Es ist Frühling (Jahreszeiten)
Vögel im Winter ... (Bertolt Brecht)
Wer bin ich? (Dreizeiler)
Ein großer Teich war zugefroren (Goethe)

Sachtexte
Wie lebt der Maulwurf unter der Erde?
Maulwurf und Igel (Äsop)
Die kleinen Kolosse der Savanne (Stefan Greschick)
Wie lebt das Eichhörnchen im Wald?

Auszüge aus Kinderbüchern
Frederick (Leo Lionni)
Der gute Räuber Willibald (Rudolf Otto Wiener)

Textknacker 3
Nr. 520 112 Seiten **€ 19,90**

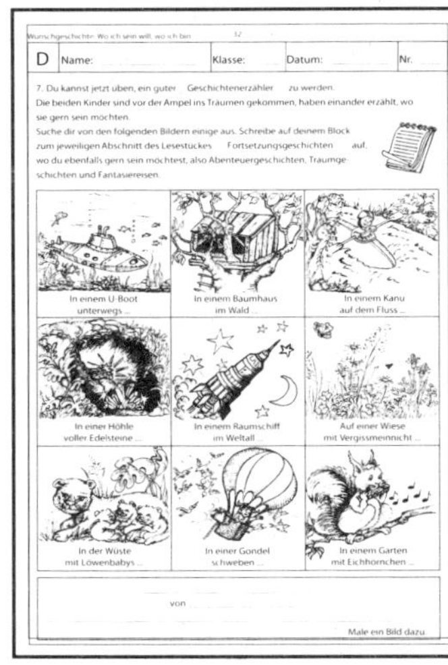

Geschichten und Erzählungen
Piraten auf Schatzsuche • Stan Stix vom andern Stern • Alles ist gegen Tom (Rosemarie Künzler-Behncke) • Die Geschichte vom grünen Fahrrad (Ursula Wölfel) • Hirsch Henri in der Badewanne (Ingo Offergeld) • Ich bin so gemein gewesen (Irina Korschunow) • Wo ich sein will, wo ich bin (Gina Ruck-Pauquèt)

Fabeln, Parabeln, Schwank
Der Löwe und die Maus (Äsop) • Von zwei starrköpfigen Ziegen (Jean de La Fontaine) • Tillie und die Mauer (Leo Lionni) • Der Fuchs und die Katze (Brüder Grimm) • Die drei Söhne (Leo N. Tolstoi) • Mali vom Berg (Hanna Hannisch) • Ein Gerücht (Heinz Steguweit)

Märchen, Legenden, Gleichnis
Prinzessin Rosenrot • Prinz Reiskorn • Der störrische Esel und die süße Distel (Karl Heinrich Waggerl) • Gleichnis vom verlorenen Schaf (Lukas)

Gedichte
Farbelfchen • Wer kommt gekro-? (Josef Guggenmoos) • Rondell • Der Wind (Josef Guggenmoos) • Das Wasser (James Krüss) • Ein Riese warf einen Stein (Josef Guggenmoos) • Ich bin froh, dass ich bin, wie ich bin (Elberta H. Stone)

Sachtexte
Welpen erziehen (Janice Marriott) • Die beliebtesten Haustiere • Warum klopft der Specht?

Auszüge aus Kinderbüchern
Das gehört mir (Leo Lionni) • Brif, Bruf, Braf (Gianni Rodari) • Rennschwein Rudi Rüssel (Uwe Timm)

Textknacker 4
Nr. 524 144 Seiten **€ 21,90**

Vorwort
Ziel der Leseschatztruhe ist es, dass die Kinder lernen, sich bewusst mit Texten auseinander zu setzen und dadurch ihre Fähigkeit zum sinnentnehmenden Lesen erweitern. Nicht selten kommt es in der 3. Jahrgangsstufe vor, dass die Kinder zwar flüssig lesen, die Information der Texte aber unzureichend verstehen und kaum in eigene Worte fassen können. Lesen bereitet jedoch erst dann wirklich Freude, wenn das Gelesene verstanden wird und die Aussageabsicht des Textes bzw. der Geschichte klar wird.
Um diesem Ziel näher zu kommen, wurden zwölf unterschiedliche Texte ausgewählt, mit denen sich die Schüler mit Hilfe eines Arbeitsblattes auseinander setzen können. Die Arbeitsblätter beinhalten gezielte Fragen zum Text, Übungen zur Worterschließung und Aufgaben zum exakten, wortgenauen Lesen. Das textgerechte Antworten steht im Vordergrund, um Oberflächlichkeit beim Lesen zu vermeiden.
Vor Beginn der Textarbeit sollte der Lehrer jedoch nicht vergessen, die Schüler mit gewissen erleichternden Arbeitstechniken vertraut zu machen. Dazu gehören vor allem
• das Lesen des gesamten Textes und aller Arbeitsaufträge zu Beginn,
• das Unterstreichen von Textstellen und Verwenden unterschiedlicher Farben,
• das Zurückstellen schwer lösbarer Arbeitsaufträge.

Die Lösungsblätter bieten den Schülern die Möglichkeit zur Eigenkontrolle. Gespräche im Klassenverband, um eventuell die Absicht des Autors zu klären und um Alternativlösungen zu besprechen, sollten die Lesestunde abschließen. Die sechs Lernzielkontrollen am Ende des Buches sind ähnlich wie die Arbeitsblätter strukturiert. Aufgrund der bereits vertrauten Art der Fragestellung ist es für die Schüler möglich, sie problemlos zu bewältigen. Die dazugehörigen Lösungsblätter erleichtern dem Lehrer die Korrektur der Probearbeiten. Die Auswahl der Leseproben ist der Lehrkraft selbst überlassen.

Lesetexte mit Arbeitsblättern

1. Freunde (Gina Ruck-Pauquèt)
2. Schniefnase geht schlafen (unbekannter Verfasser)
3. Frederick (Leo Lionni)
4. Der kleine Stationsvorsteher (unbekannter Verfasser)
5. Ein Wunsch ist frei (unbekannter Verfasser)
6. Der Drachentöter von Mixnitz (unbekannter Verfasser)
7. Der erste April (Erica Lillegg)
8. Die Libelle (Josef Guggenmos)
9. Ein Stürmer zuviel (Christian Bieniek)
10. Der Stein (Dagmar Christiansen u.a.)
11. Spaziergang im Stadtwald (Karl Piepho)
12. Ritter Uli (Ursula Wölfel)

Lesetexte mit Proben

1. Wie die Schwalben bauen (Heinrich Grupe)
2. Manfred und die anderen Kinder (Cornelia Beck)
3. Die Erde in der Mülltonne (Jan Winton/Fred Pearce)
4. Bären im Flugzeug (Peter Bamm, erzählt von Leo Koch)
5. Bewegungslos werden (Friederike Naroska)
6. Der Wald im Herbst (Barbara Froehlich)

Leseschatztruhe 3
Nr. 394 110 Seiten **€ 19,90**

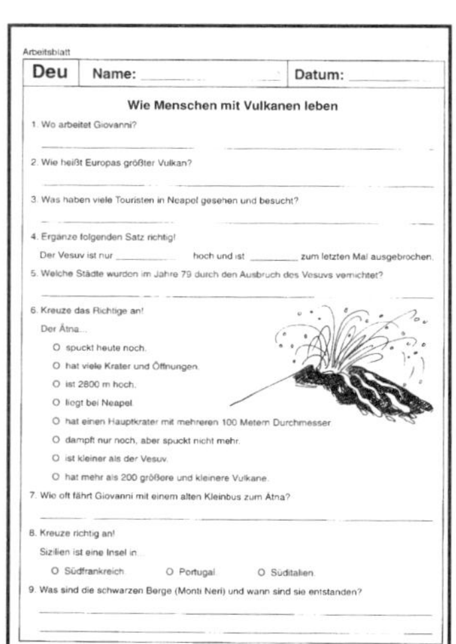

Lesetexte mit Arbeitsblättern

1. Die Linde (Gudrun Pausewang)
2. Barry (unbekannter Verfasser)
3. Wer erfand das Fahrrad? (unbekannter Verfasser)
4. Lila mit grünen Streifen? (Gina Ruck-Pauquèt)
5. Und was machen wir mit ihm?
6. Der Regentropfen (Peter Biegel)
7. Nikolaus für den Nikolaus (Toni Francis)
8. Zwei auf einer Bank (Hans Stempel/Martin Ripkens)
9. Der Löwe (unbekannter Verfasser)
10. Made in Hongkong (Franz Hohler)
11. Wie Menschen mit Vulkanen leben (Werner Kirst)
12. Ein Ostermorgen vor vielen Jahren (Rolf Krenzer)

Lesetexte mit Proben

1. Nur acht Fische (Verena Pollmannski)
2. Hannes fehlt (Ursula Wölfel)
3. Alles wie jedes Jahr (Katrin Topsch)
4. Deutsches Rotes Kreuz, bitte kommen! (Theo Stracke)
5. Das Gespenst in der Scheune (Marieluise Bernhard v. Luttitz)
6. Vorsicht! Lawinen (unbekannter Verfasser)

Leseschatztruhe 4
Nr. 395 112 Seiten **€ 19,90**

Vorwort

Mit dem vorliegenden Skript haben Sie ein komplexes Unterrichtswerk für den modernen Mathematikunterricht der vierten Jahrgangsstufe zur Hand. Die darin enthaltenen Unterrichtsmaterialien helfen Ihnen rationell und zeitsparend zu arbeiten ohne Ihren persönlichen Stil einschränken zu müssen.

Sie finden darin
- *ausgearbeitete und erprobte Unterrichtsstunden mit Angabe der Lernziele, didaktischem Verlauf, Tafelbild, Kopfrechnungsübungen, Arbeitsblatt (-blättern) und deren Lösungen (verwendbar als Kontrollfolien) sowie Vorschlägen zu Merkeinträgen*
- *Karteikarten zum Stationentraining bzw. zur Freiarbeit mit gezielter Schüleranleitung, Lehrerinformationen, benötigten Vorlagen und entsprechendem Material*
- *fertig ausgearbeitete Probebausteine mit Lösungsblättern*

Die Stundenbilder sollen als Anregung aufgefasst werden. Unterrichtsbeispiele, Arbeitsblätter, Stationenkarten und Probebausteine sind unabhängig von den eingeführten Büchern und Arbeitsheften einsetzbar.

Zur Arbeit mit diesen Unterrichtsmaterialien wünsche ich Ihnen viel Spaß und großen Erfolg.

Marianne Kelnberger

PS:
Eine wertvolle Ergänzung an Arbeitsblättern finden Sie in den „Kopierheften mit Pfiff- Einmaleins, Addition und Subtraktion, Multiplikation und Division oder geometrische Grunderfahrungen“ .
Weitere Informationen und Übungen zum Kopfrechnen enthält der Band „Mit viel Spaß fit im Kopfrechen- 4.Jgst.“.
Alle angegebenen Werke der Autorin sind im PB-Verlag erschienen.

Mathematik kompakt - 4.Jgst. / 1.Teil

Der vorliegende Teil enthält die Bereiche:
Erarbeitung des Zahlenraums bis zur Million
Addition und Subtraktion
geometrische Grunderfahrungen

Zur Arbeit mit dem Skript:

Unterrichtsstunden:

Der didaktische Verlauf ist jeweils in groben Zügen angegeben und kann individuell ergänzt werden. Er bezieht sich nicht immer auf eine 45-Minuten-Einheit, sondern kann (insbesondere bei der Erarbeitung des Zahlenraums) auch mehrere Unterrichtseinheiten mit ähnlichem Aufbau aber anderem Übungsschwerpunkt betreffen.
Beim Warmrechnen wird häufig auf entsprechende Karteikarten der Kopfrechnenkartei verwiesen um den Besitzer der Kartei die Arbeit zu erleichtern. Für Lehrer, die diesen Band nicht besitzen, befinden sich eine kurze Erklärung der Übung bzw. weitere Beispiele in dem vorliegenden Werk.
Die Lösungen der Arbeitsblätter sind im DIN-A4 Format und können leicht als Kontrollfolie verwendet werden.
Für Merkeinträge kann entweder das Tafelbild in Betracht gezogen werden oder ein vorgefertigter Eintrag Verwendung finden.

Karteikarten zur Stationenarbeit bzw. zur Freiarbeit:

Es empfiehlt sich die Vorderseite der Karteikarten auf stärkeres (evtl. farbiges) Kartonpapier zu kopieren und anschließend zu folieren, um eine längere Haltbarkeit zu garantieren.
Die Vorderseite jeder Karteikarte ist für die Hand des Schülers gedacht und in diesem Sinne anregend gestaltet und kindgemäß formuliert.
Die Rückseite jeder Karte dagegen enthält Hinweise und Informationen für den Lehrer. Bisweilen birgt sie auch Lösungen.

Probebausteine und Lösungen:

Die Probebausteine enthalten verschiedene Aufgaben zum Themenbereich unterschiedlichen Schwierigkeitsgrades. Sie können die Bausteine nach Belieben auswählen, ausschneiden und zu einem Probeblatt zusammensetzen. Die Bepunktung bleibt Ihnen selbst überlassen.
Mit dem Lösungsblatt können Sie sich mit einem schnellen Blick Informationen über die Komplexität bzw. den Schwierigkeitsgrad der Aufgabe verschaffen. Zusätzlich erleichtert es Ihnen die Korrekturarbeit.

Inhaltsverzeichnis
Mathematik kompakt - 4.Jgst. / 1.Teil

Themenbereich:

Zahlen bis zur Million

Aus der dritten Jahrgangsstufe kennen die Schüler die Zahlen bis Tausend.
In der vierten Jahrgangsstufe erfolgt die Erweiterung auf den Zahlenraum bis zur Million. Dabei lernen die Schüler die Zahlen unterschiedlich darzustellen, auf verschiedene Weise zu zerlegen, zu ordnen und nach verschiedenen Regeln Zahlenfolgen zu bilden.

In diesem Skript sind schrittweise enthalten

- Einführung und Rechnen im Zahlenraum bis 10 000
- Einführung und Rechnen im Zahlenraum bis 100 000
- Einführung und Rechnen im Zahlenraum bis zur 1 000 000
- das Runden großer Zahlen
- das Darstellen gerundeter Zahlen in Schaubildern

Weitere Kopfrechnungen in anregender Gestaltung mit Aufgaben und Ergebnissen sind enthalten in der Kartei

„Mit viel Spaß fit im Kopfrechnen“ (4.Jgst.)
(gleicher Verlag und Autor)

z.B. Bingo, Fußball, Schlaufuchs, Würfelspaß, Zahlenpirat, Zahlenstrahldetektiv und Zwilling.

Lehrbereich / Thema

Zahlen bis 10 000

Didaktischer Verlauf / Lernziele

Warmrechnen:

Würfelspaß (Kopfrechnenkartei 4 / Karte 14)

Die Schüler würfeln dreimal und bilden daraus die größte dreistellige Zahl

Einstieg/Motivation:

Folienbild Libelle(s.h.) - Wie weit kann eine Libelle in einer Viertelstunde fliegen?

Schüler schätzen, Lösung: bis zu 10 000 m

Verdeutlichen der Strecke an der Entfernung zweier den Schülern bekannter Orte

Zielangabe: Wir lernen den Zehntausender kennen

Hauptteil:

Anschauungsmittel: Hunderterfelder (bzw. Tausenderstrahl) oder Millimeterpapier

Vielfältige mdl. und srftl. Übungen:

Zehnerbündelung

Darstellen in der Stellenwerttafel

Zerlegen einer Zahl in ihre Tausender, Hunderter, Zehner und Einer

Darstellen am Zahlenstrahl

Zählen in Tausenderschritten / Hunderterschritten

Vorgänger, Nachfolger, Nachbarzahlen

Übung:

AB 1 „Käferrennen“: Zahlen bis 10 000 darstellen, vergleichen, ordnen

AB 2 „Ja-Nein-Spiel“: Zahlzerlegungen und einfache Rechnungen im Zahlenbereich bis 10 000

Sicherung:

Merkeintrag (s.h.)

Tafelbild / Folie

Wir lernen den 10 000-der kennen.

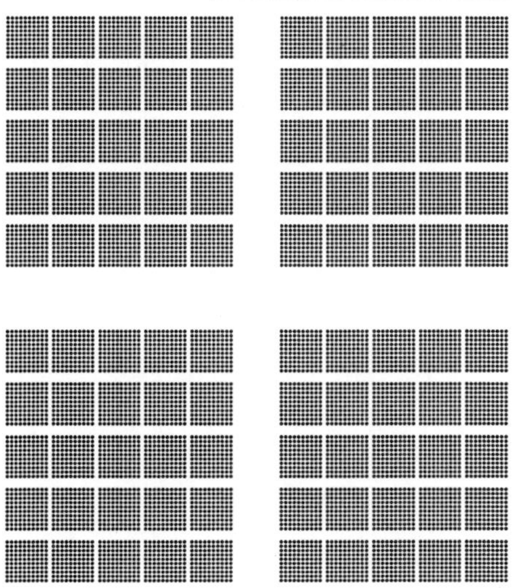

ZT	T	H	Z	E
			1 =	10
		1 =	10 =	100
	1 =	10 =	100 =	1 000
1 =	10 =	100 =	1000 =	10 000

10 000 ←(·10)— 1 000 ←(·10)— 100 ←(·10)— 10 ←(·10)— 1

Wie weit kann eine Libelle in einer Viertelstunde fliegen?

Merkeintrag - Vorschlag

Wir lernen den Zehntausender kennen

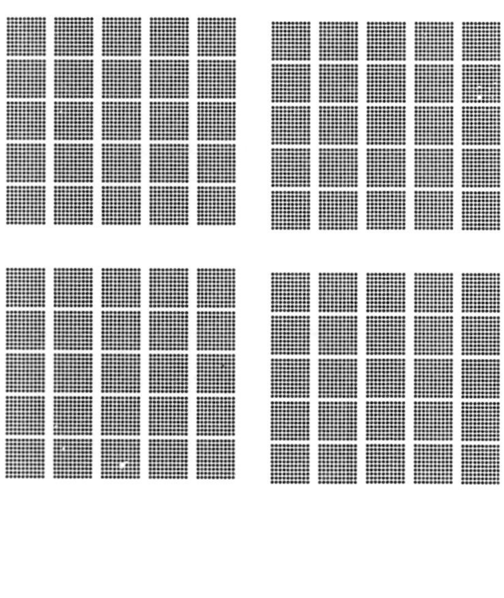

ZT	T	H	Z	E
			1 =	10
		1 =	10 =	100
	1 =	10 =	100 =	1 000
1 =	10 =	100 =	1 000 =	10 000

10 000 ← ·10 — 1 000 ← ·10 — 100 ← ·10 — 10 ← ·10 — 1

Mathematik		

Mach mit beim großen Käferrennen!

1) Schreibe die Startziffern von Vorgänger und Nachfolger unter die Käfer.

_____ 8 010 _____   _____ 3 999 _____   _____ 6 000 _____

2) Der Zahlenstrahl zeigt dir den Zwischenstand beim Käferrennen. Schreibe auf, bei welcher Markierung die Käfer stehen.

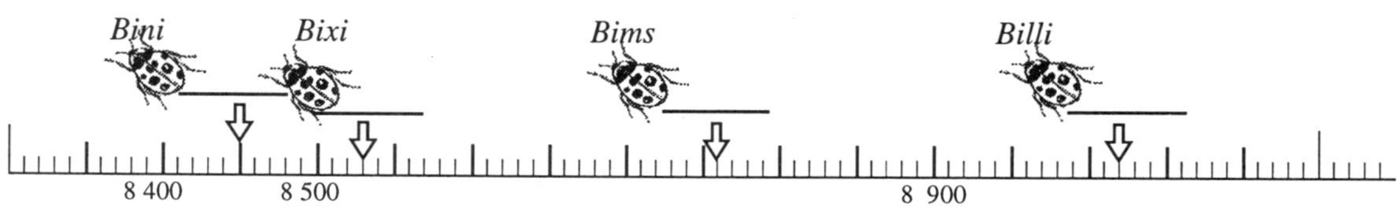

3) Nun geht es dem Ziel entgegen. Die Käfer sind nahe beisammen. Kennzeichne ihren Stand durch einen Pfeil mit dem Namen.

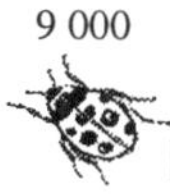 Bini: 9 045  Bixi: 9 038  Bims: 9 065  Billi: 9 052

4) Beim Käferrennen sind in regelmäßigen Abständen Hürden aufgestellt. Gib die Positionen der Hürden an.

3470 , 3480 , _____ , _____ , _____ , _____ , 3530

5995 , 5996 , _____ , _____ , _____ , _____ , _____ , 6002

8004 , 8003 , _____ , _____ , _____ , _____ , 7998

6040 , 6030 , _____ , _____ , _____ , _____ , _____ , 5970

Mathematik		

Mach mit beim großen Käferrennen!

1) Schreibe die Startziffern von Vorgänger und Nachfolger unter die Käfer.

8 009 8 010 8 011   3 998 3 999 4 000   5 999 6 000 6 001

2) Der Zahlenstrahl zeigt dir den Zwischenstand beim Käferrennen. Schreibe auf, bei welcher Markierung die Käfer stehen.

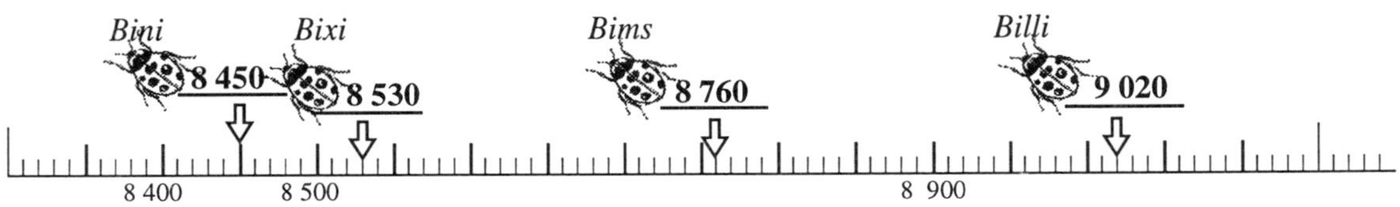

3) Nun geht es dem Ziel entgegen. Die Käfer sind nahe beisammen. Kennzeichne ihren Stand durch einen Pfeil mit dem Namen.

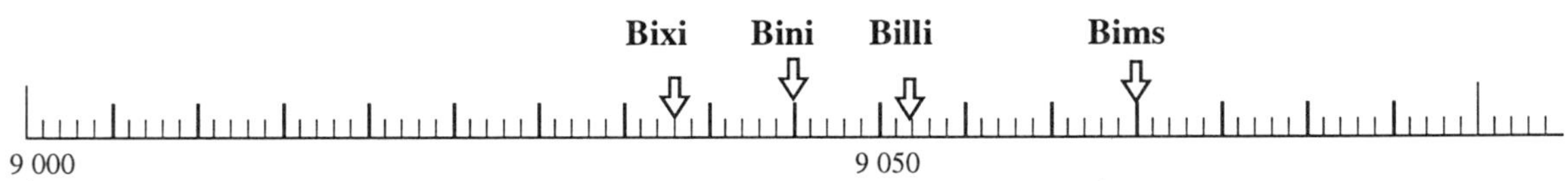

Bini: 9 045   Bixi: 9 038   Bims: 9 065   Billi: 9 052

4) Beim Käferrennen sind in regelmäßigen Abständen Hürden aufgestellt. Gib die Positionen der Hürden an.

3470 , 3480 , 3 490 , 3 500 , 3 510 , 3 520 , 3530

5995 , 5996 , 5 997 , 5 998 , 5 999 , 6 000 , 6 001 , 6002

8004 , 8003 , 8 002 , 8 001 , 8 000 , 7 999 , 7998

6040 , 6030 , 6 020 , 6 010 , 6 000 , 5 990 , 5 980 , 5970

Wir rechnen im Zahlenraum bis 10 000

Kannst du die Buchstabengeschichte lesen?

Ja-Nein-Spiel

Ist die Aufgabe richtig, folge dem Ja-Weg, ist sie falsch, folge dem Nein-Weg.

Start:

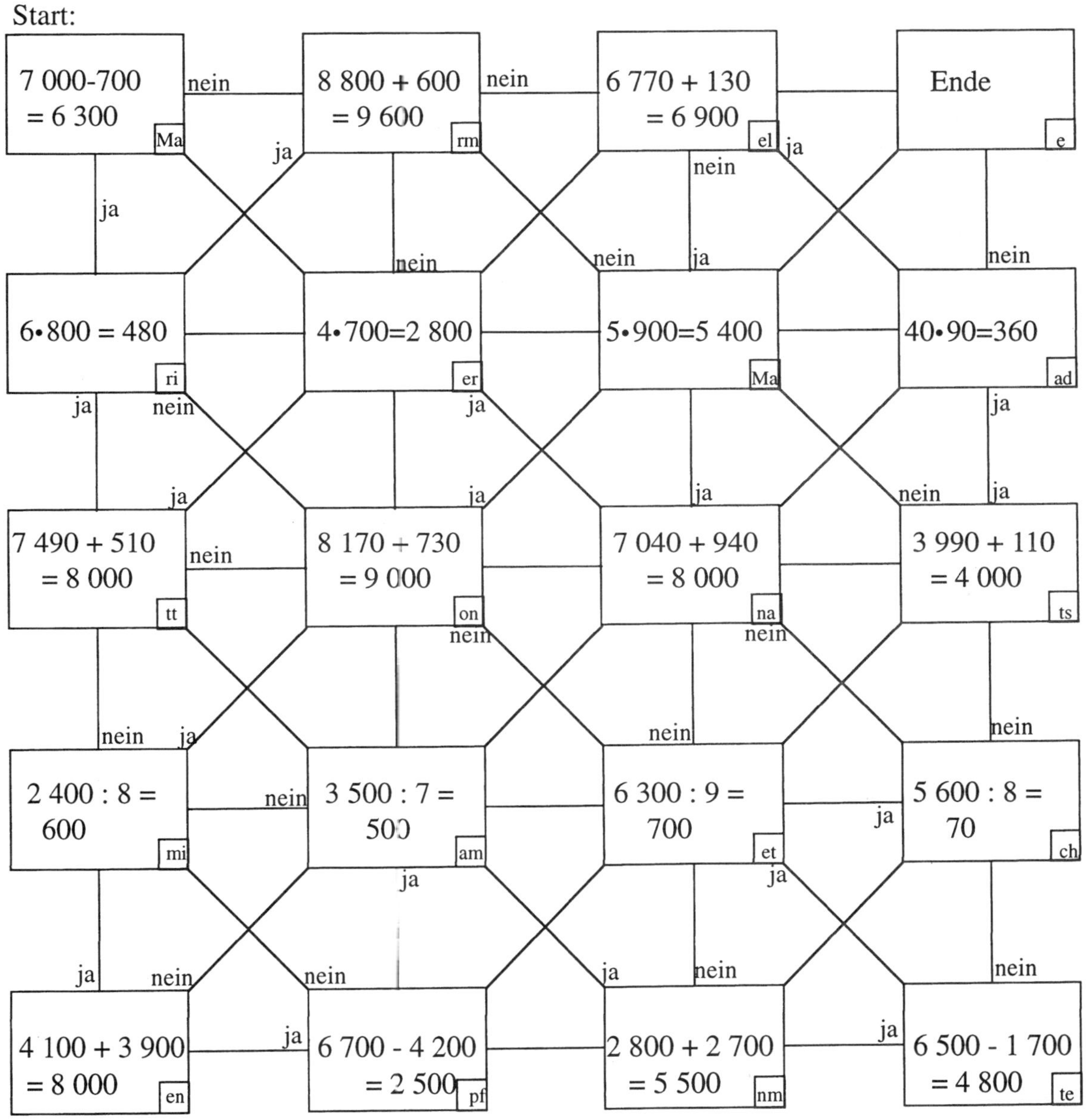

Lösung: ____

____

Wir rechnen im Zahlenraum bis 10 000

Kannst du die Buchstabengeschichte lesen?

Ja-Nein-Spiel

Ist die Aufgabe richtig, folge dem Ja-Weg, ist sie falsch, folge dem Nein-Weg.

Start:

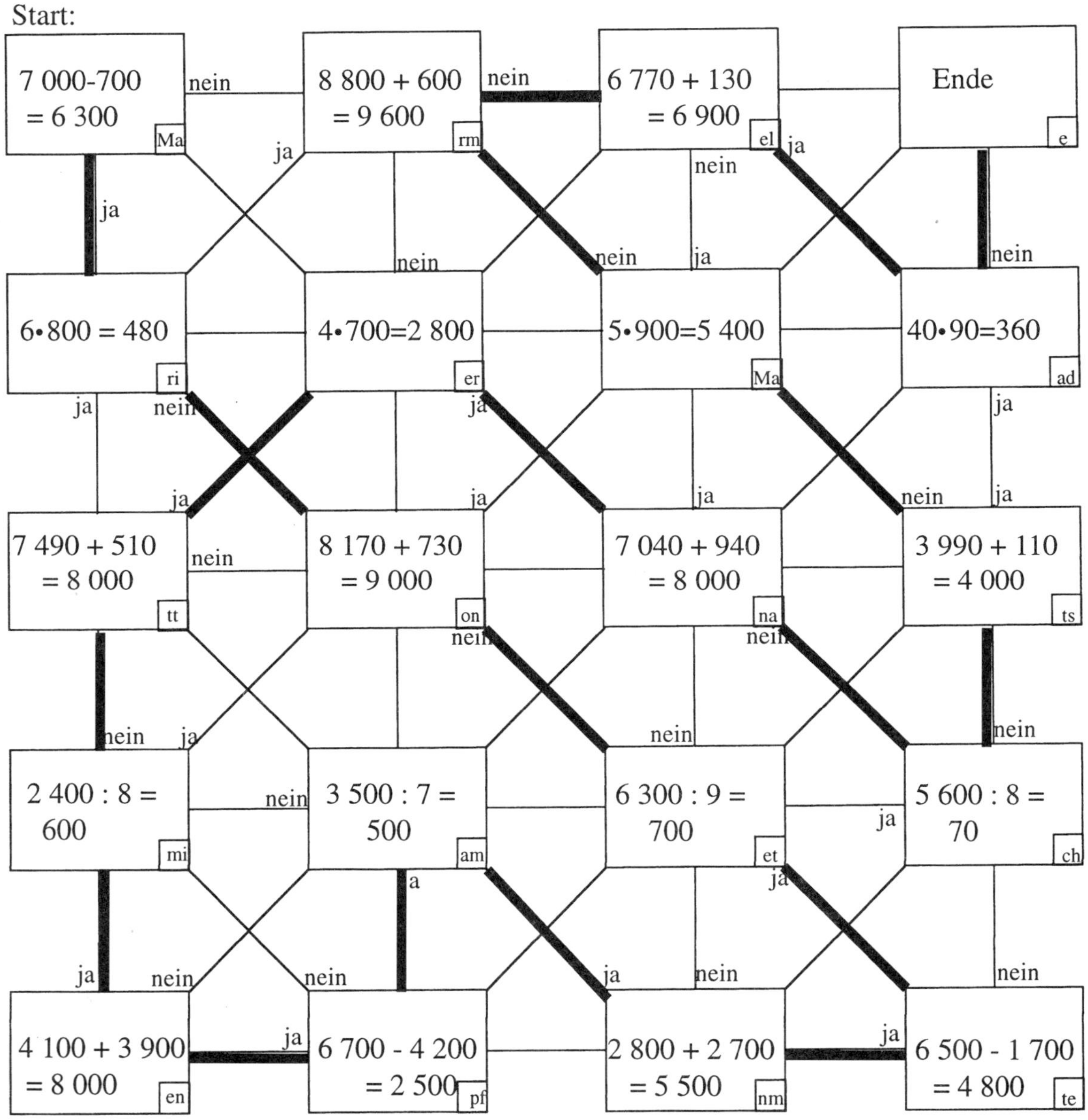

Lösung: *Marionetten mampfen mitternachts Marmelade*

Lehrbereich / Thema

Zahlen bis 100 000

Didaktischer Verlauf / Lernziele

Warmrechnen:

Schlaufuchs (Kopfrechnenkartei 4 / Karte 11)
Die Schüler entscheiden, ob die angegebene Zahldarstellung richtig oder falsch ist (s.h.).
Bingo (Kopfrechnenkartei 4 / Karte 1)
Die Schüler notieren die Ergebnisse von 16 einfachen Rechnungen im Zahlenraum bis 10 000 ins Bingoquadrat. Wer beim Vorlesen der Ergebnisse zuerst eine Reihe waagrecht, senkrecht oder diagonal richtig abhaken kann, ist Sieger (s.h.).

Einstieg/Motivation: Bild von Gebrauchtwagen oder Kilometerzähler (s.h.)

Zielangabe: Wir lernen den Hunderttausender kennen

Hauptteil:

Anschauungsmittel:
Einer-Würfel, Zehner-Stangen, Hunderter-Platten, Tausender-Blöcke (100 Blöcke = 100 000 Würfel) oder Millimeterpapier (2 Bogen Millimeterpapier haben 100 000 Millimeterquadrate)
Vielfältige mdl. und srftl. Übungen:
Zehnerbündelung / Darstellen in der Stellenwerttafel
Zerlegen einer Zahl in ihre Zehntausender, Tausender, Hunderter, Zehner und Einer
Zahlen lesen und in Ziffern schreiben / Zählen in Tausenderschritten / Hunderterschritten
Vorgänger, Nachfolger, Nachbarzahlen / Darstellen am Zahlenstrahl

Übung:

AB 1 „Beim Gebrauchtwagenhändler": Zahlen bis 100 000 darstellen, vergleichen, ordnen
AB 2 „ In der Werkstatt": Zahlzerlegungen und einfache Rechnungen bis 100 000

Sicherung:

Merkeintrag (s.h.)

Tafelbild / Folie

Wir lernen den 100 000-der kennen.

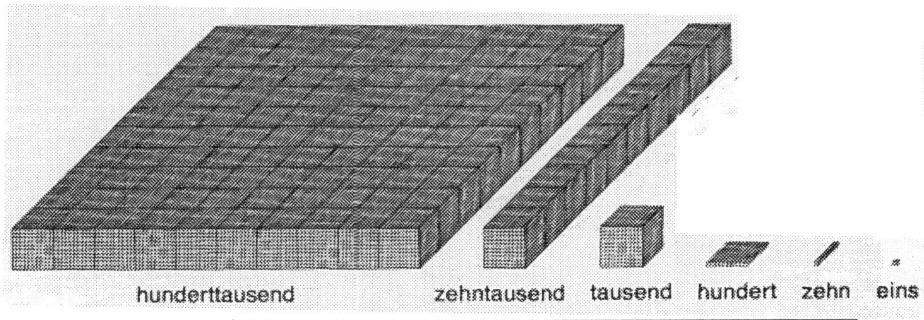

HT	ZT	T	H	Z	E
				1 =	10
			1 =	10 =	100
		1 =	10 =	100 =	1 000
	1 =	10 =	100 =	1 000 =	10 000
1 =	10 =	100 =	1 000 =	10 000 =	100 000

100 000 <–(•10)– 10 000 <–(•10)– 1 000 <–(•10)– 100 <–(•10)– 10 <–(•10)– 1

Kopfrechnen:

Schlaufuchs: richtig oder falsch?

2T 4H	=	2 400	6T 3H 5E	=	6 305	(r / r)
6T 3Z	=	6 300	4T 3Z 2E	=	4 320	(f / f)
1E 7T	=	7 001	5Z 2H 3T	=	325	(r / f)

Bingo:

6200+1300 / 4500+1400 / 2800+3200 / 2700+1100
9800-7200 / 8400-2300 / 6600-1400 / 7200-3100
5500+3600 / 4700+1800 / 2800+3300 / 5900+1400
6100-1200 / 5200-2300 / 9200-3500 / 8200-5500

Motivationsbild :

Merkeintrag-Vorschlag:

Wir lernen den Hunderttausender kennen

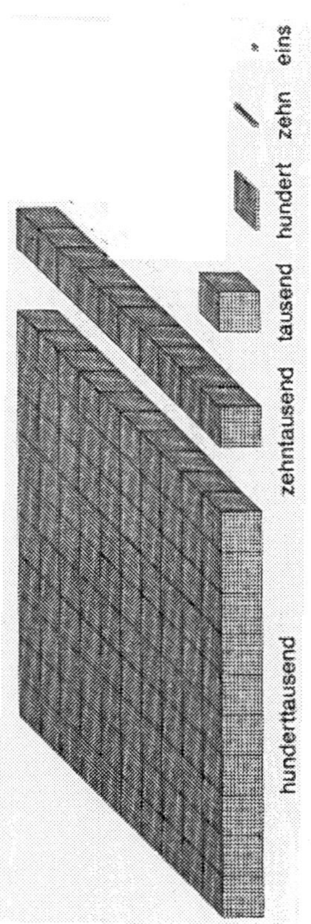

HT	ZT	T	H	Z	E
				1 =	10
			1 =	10 =	100
		1 =	10 =	100 =	1 000
	1 =	10 =	100 =	1 000 =	10 000
1 =	10 =	100 =	1 000 =	10 000 =	100 000

100 000 ← •10 – 10 000
10 000 ← •10 – 1 000
1 000 ← •10 – 100
100 ← •10 – 10
10 ← •10 – 1

Mathematik

Beim Gebrauchtwagenhändler

(Zahlenraum bis 100 000)

1) Schreibe die Kilometerstände in Zahlen.

vierundsechzigtausend Kilometer = ________

fünfundfünfzigtausend Kilometer = ________

zwanzigtausenddreihundertzwei Kilometer = ________

zweiunddreißigtausendvierhundertfünf Kilometer = ________

dreizehntausendachtzig Kilometer = ________

2) Welches Auto ist am weitesten gefahren.
Ordne nach der Größe,
beginne mit der größten Kilometerzahl.

0 5 5 7 6 3	0 5 6 3 7 5	1 3 7 5 5 5
☐	☐	☐
0 6 4 5 2 5	0 4 5 5 6 7	0 6 0 0 6 7
☐	☐	☐

3) Welche nachfolgenden Zahlen zeigen diese Kilometerzähler?

	Nachfolger	nachfolgende Zehnerzahl	nachfolgende Hunderterzahl	nachfolgende Tausenderzahl
1 4 7 3 9 5				
1 9 4 9 9 9				
0 6 3 3 4 9				
0 3 0 1 9 9				
1 8 9 2 9 9				

Beim Gebrauchtwagenhändler

(Zahlenraum bis 100 000)

1) Schreibe die Kilometerstände in Zahlen.

vierundsechzigtausend Kilometer = 64 000 km

fünfundfünfzigtausend Kilometer = 55 000 km

zwanzigtausenddreihundertzwei Kilometer = 20 302 km

zweiunddreißigtausendvierhundertfünf Kilometer = 32 405 km

dreizehntausendachtzig Kilometer = 13 080 km

2) Welches Auto ist am weitesten gefahren. Ordne nach der Größe, beginne mit der größten Kilometerzahl.

055763	056375	137555
5	**4**	**1**
064525	045567	060067
2	**6**	**3**

3) Welche nachfolgenden Zahlen zeigen diese Kilometerzähler?

	Nachfolger	nachfolgende Zehnerzahl	nachfolgende Hunderterzahl	nachfolgende Tausenderzahl
147395	147396	147400	147400	148000
194999	195000	195000	195000	195000
063349	063350	063350	063400	064000
030199	030200	030200	030200	031000
189299	189300	189300	189300	190000

In der Werkstatt
Wir rechnen bis 100 000

**1) Vergleiche deine Ergebnisse mit der Liste des Mechanikers.
Zwei Zahlen bleiben übrig.**

5 • 7 000 = ______ 64 000 : 8 = ______
8 • 9 000 = ______ 56 000 : 8 = ______
9 • 6 000 = ______ 42 000 : 7 = ______
7 • 7 000 = ______ 81 000 : 9 = ______
0 • 9 000 = ______ 20 000 : 5 = ______

**2) Berechne die fehlende Zahl.
Wenn du alle Platzhalter zusammenzählst, erfährst du, welches Auto von dem Mechaniker gerichtet werden muss.**

67 000 + ☐ = 70 000 65 900 + ☐ = 70 000
54 000 + ☐ = 70 000 41 400 + ☐ = 60 000
29 000 + ☐ = 40 000 33 800 + ☐ = 60 000
78 000 + ☐ = 90 000 77 700 + ☐ = 80 000

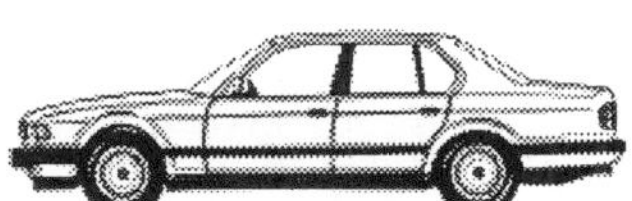
78 600

82 900

93 200

**3) Jede Aufgabe beginnt mit dem Ergebnis der vorhergehenden.
Bringst du das Lösungswort heraus? Wie heißt die letzte Zahl?**

* / 54 300 + 800 = ☐
D / 53 600 - 4 800 = ☐
E / 71 800 - 56 100 = ☐
I / 62 500 - 24 600 = ☐
L / 99 000 - 45 400 = ☐

M / 37 900 + 33 900 = ☐
O / 55 100 + 43 900 = ☐
R / 15 700 + ☐ = 100 000
T / 48 800 + 13 700 = ☐

______________________ ☐

In der Werkstatt
Wir rechnen bis 100 000

1) Vergleiche deine Ergebnisse mit der Liste des Mechanikers. Zwei Zahlen bleiben übrig.

5 • 7 000 = 35 000
8 • 9 000 = 72 000
9 • 6 000 = 54 000
7 • 7 000 = 49 000
0 • 9 000 = 0

64 000 : 8 = 8 000
56 000 : 8 = 7 000
42 000 : 7 = 6 000
81 000 : 9 = 9 000
20 000 : 5 = 4 000

2) Berechne die fehlende Zahl. Wenn du alle Platzhalter zusammenzählst, erfährst du, welches Auto von dem Mechaniker gerichtet werden muss.

67 000 + **3 000** = 70 000
54 000 + **16 000** = 70 000
29 000 + **11 000** = 40 000
78 000 + **12 000** = 90 000

65 900 + **4 100** = 70 000
41 400 + **18 600** = 60 000
33 800 + **26 200** = 60 000
77 700 + **2 300** = 80 000

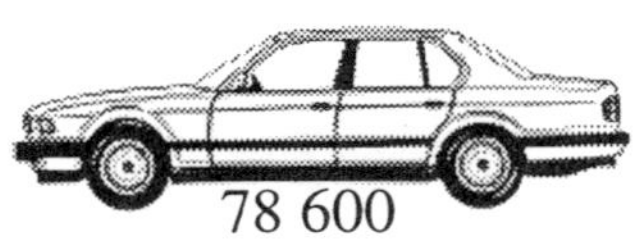
78 600

82 900

93 200

3) Jede Aufgabe beginnt mit dem Ergebnis der vorhergehenden. Bringst du das Lösungswort heraus? Wie heißt die letzte Zahl?

* / 54 300 + 800 = ☐
D / 53 600 - 4 800 = ☐
E / 71 800 - 56 100 = ☐
I / 62 500 - 24 600 = ☐
L / 99 000 - 45 400 = ☐

M / 37 900 + 33 900 = ☐
O / 55 100 + 43 900 = ☐
R / 15 700 + ☐ = 100 000
T / 48 800 + 13 700 = ☐

*** OLDTIMER** | **84 300**

Lehrbereich / Thema

Zahlen bis 1 000 000

Didaktischer Verlauf / Lernziele

Warmrechnen:

☝ Zwillinge (Kopfrechnenkartei 4 / Karte 20)
Die Schüler suchen zu einer angegebenen Zahldarstellung die richtige Zahl(s.h.)
☝ Bingo (Kopfrechnenkartei 4 / Karte 1)
Die Schüler notieren die Resultate von 16 einfachen Rechnungen im Zahlenraum bis 100 000 ins Bingoquadrat (Auswertung vergl. Zahlen bis 100 000)

Einstieg/Motivation: Luftbild einer Millionenstadt

Zielangabe: Wir lernen den Zahlenraum bis zur Million kennen

Hauptteil:

<u>Anschauungsmittel:</u>
Einer-Würfel, Zehner-Stangen, Hunderter-Platten, Tausender-Blöcke, Hunderttausender-Platte (10 solche Platten sind eine Million Würfel) oder
Millimeterpapier (20 Blatt Millimeterpapier haben 1 000 000 Millimeterquadrate)
<u>Vielfältige mdl. und srftl. Übungen:</u>
Zehnerbündelung / Darstellen in der Stellenwerttafel
Zerlegen einer Zahl in ihre HT, ZT, T, H, Z und E
Zahlen lesen und in Ziffern schreiben / Zählen in Schritten
Vorgänger, Nachfolger, Nachbarzahlen / Darstellen am Zahlenstrahl / Pfeilbilder / Ordnen

Übung:

AB 1 „Millionenstädte": Zahlen bis 100 000 darstellen, vergleichen, ordnen
AB 2 „ Die größten Stadien der Welt": Zahlzerlegungen und einfache Rechn. bis zur 1 000 000

Sicherung:

Merkeintrag (s.h.)

Tafelbild / Folie

Wir lernen die Million kennen.

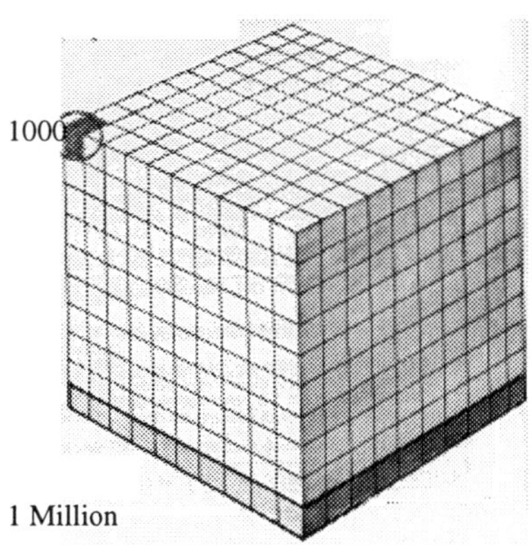

M	HT	ZT	T	H	Z	E
					1 =	10
				1 =	10 =	100
			1 =	10 =	100 =	1 000
		1 =	10 =	100 =	1 000 =	10 000
	1 =	10 =	100 =	1 000 =	10 000 =	100 000
1 =	10 =	100 =	1 000 =	10 000 =	100 000 =	1 000 000

1 000 000 ←(·10)– 100 000 ←(·10)– 10 000 ←(·10)– 1 000 ←(·10)– 100 ←(·10)– 10 ←(·10)– 1

Kopfrechnen:

Mögliche Zwillingspaare:

3ZT 2T 4E	=	32 004	3ZT 3H 5E	=	30 305
5ZT 6T 5Z	=	56 050	5ZT 6Z 3E	=	50 063
6ZT 1E	=	60 001	5Z 1H 6ZT	=	60 150

Bingo:

62 000 + 23 000 / 45 000 + 24 000 / 28 000 + 33 000 / 47 000 + 11 000
88 000 - 72 000 / 84 000 - 41 000 / 69 000 - 14 000 / 72 000 - 41 000
35 000 + 36 000 / 57 000 + 38 000 / 37 000 + 33 000 / 59 000 + 23 000
71 000 - 12 000 / 62 000 - 23 000 / 92 000 - 55 000 / 82 000 - 79 000

Merkeintrag-Vorschlag:

Wir lernen den Zahlenraum bis zur Million kennen

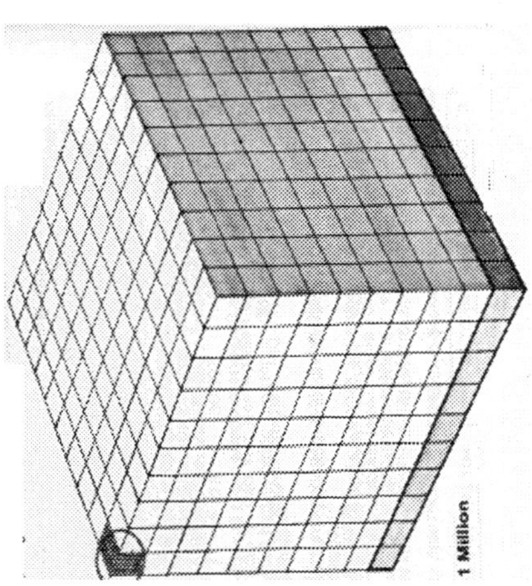

M	HT	ZT	T	H	Z	E
					1 =	10
				1 =	10 =	100
			1 =	10 =	100 =	1 000
		1 =	10 =	100 =	1 000 =	10 000
	1 =	10 =	100 =	1 000 =	10 000 =	100 000
1 =	10 =	100 =	1 000 =	10 000 =	100 000 =	1 000 000

1 000 000 <- ·10 - 100 000
100 000 <- ·10 - 10 000
10 000 <- ·10 - 1 000
1 000 <- ·10 - 100
100 <- ·10 - 10
10 <- ·10 - 1

Millionenstädte

1) Trage die Einwohnerzahlen ins Stellenhaus ein.

M	HT	ZT	T	H	Z	E

neunhundertachtundvierzigtausendzwanzig

vierhunderttausendeinhundertdreizehn

siebenhundertzweitausendvierundvierzig

sechshundertzwanzigtausendfünfhundertdrei

2) Bei einer Volkszählung wurden die Einwohnerzahlen ermittelt. Ein Baby kommt auf die Welt. Wie viele Einwohner sind es nun?

849 999 Einwohner ________ Einwohner
900 000 Einwohner ________ Einwohner
999 999 Einwohner ________ Einwohner
401 999 Einwohner ________ Einwohner
759 199 Einwohner ________ Einwohner
699 999 Einwohner ________ Einwohner
704 000 Einwohner ________ Einwohner

3) Verbinde die Punkte so, dass die Zahlen immer größer werden.

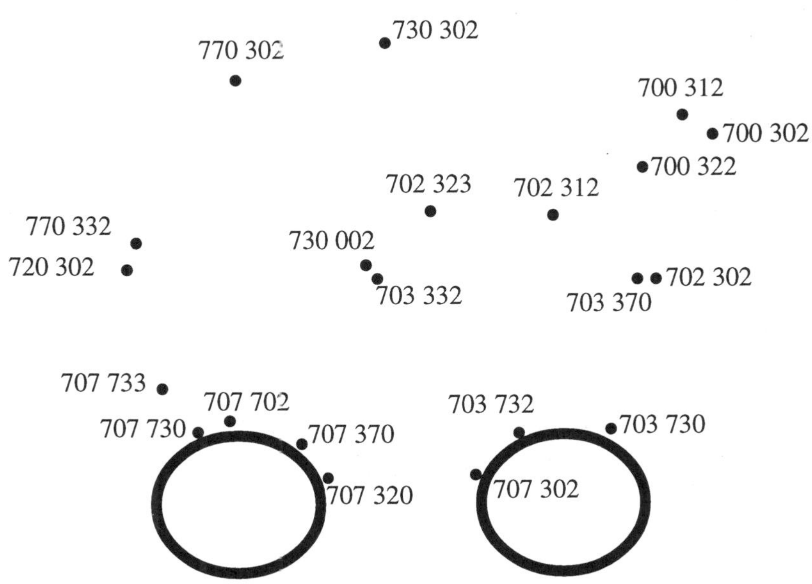

Mathematik

Millionenstädte

1) Trage die Einwohnerzahlen ins Stellenhaus ein.

M	HT	ZT	T	H	Z	E	
	9	4	8	0	2	0	neunhundertachtundvierzigtausendzwanzig
	4	0	0	1	1	3	vierhunderttausendeinhundertdreizehn
	7	0	2	0	4	4	siebenhundertzweitausendvierundvierzig
	6	2	0	5	0	3	sechshundertzwanzigtausendfünfhundertdrei

2) Bei einer Volkszählung wurden die Einwohnerzahlen ermittelt. Ein Baby kommt auf die Welt. Wie viele Einwohner sind es nun?

849 999 Einwohner — 850 000 Einwohner
900 000 Einwohner — 900 001 Einwohner
999 999 Einwohner — 1 000 000 Einwohner
401 999 Einwohner — 402 000 Einwohner
759 199 Einwohner — 759 200 Einwohner
699 999 Einwohner — 700 000 Einwohner
704 000 Einwohner — 704 001 Einwohner

3) Verbinde die Punkte so, dass die Zahlen immer größer werden.

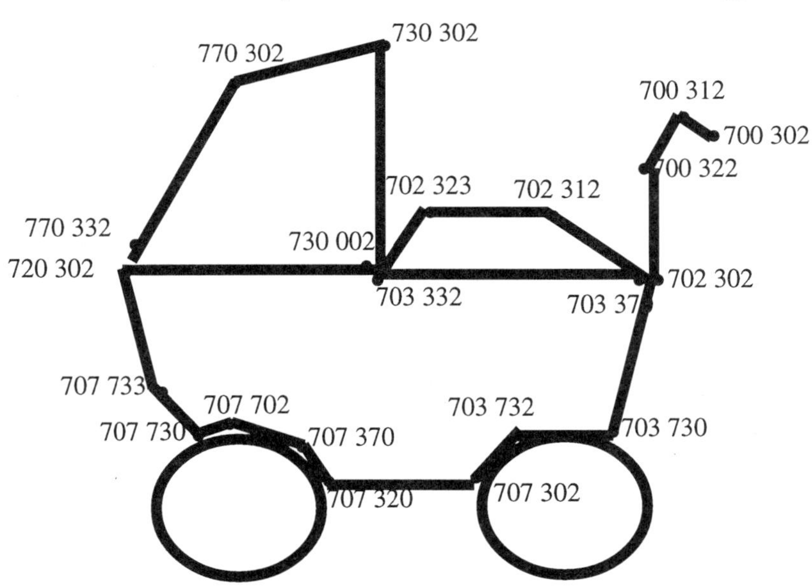

Millionenstädte- 2. Teil

1) Gib die Einwohnerzahlen der auf den Zahlenstrahlen mit Buchstaben und Pfeilen gekennzeichneten Städte an.

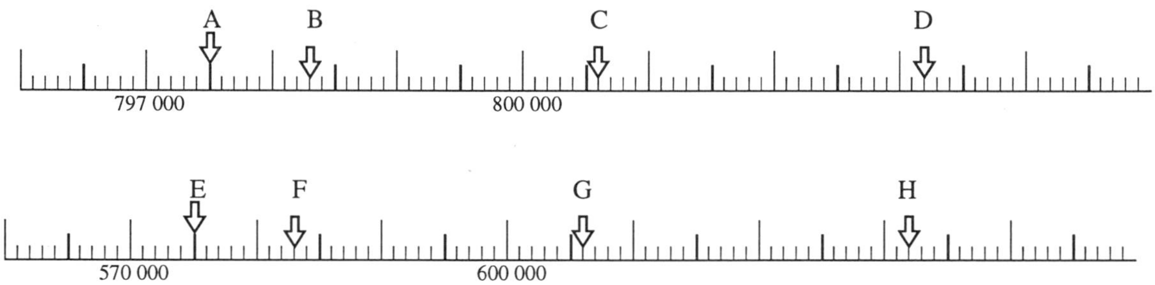

A:__________ B:__________ C:__________ D:__________

E:__________ F:__________ G:__________ H:__________

2) Wie viele Einwohner fehlen Städten mit folgenden Einwohnerzahlen bis zur Million?

970 000	430 000	270 000	60 000	475 000	216 000	347 000

3) Kannst du die Turmzahlen  **und Kellerzahlen ausrechnen?**

Zähle dazu benachbarte Zahlen zusammen

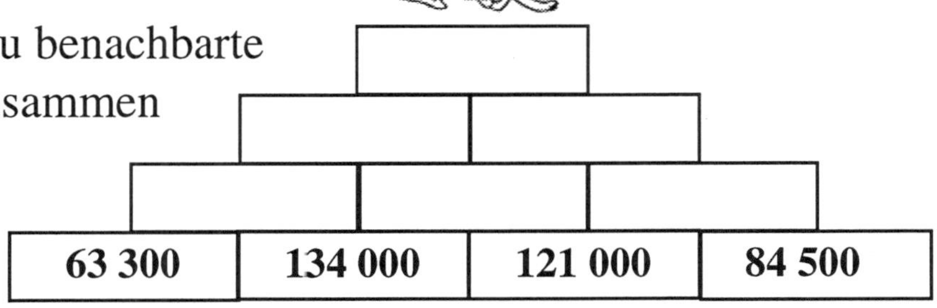

oder ziehe sie voneinander ab.

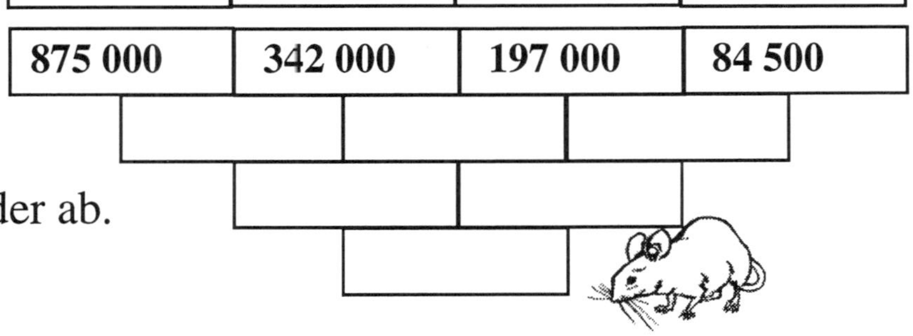

Millionenstädte- 2. Teil

1) Gib die Einwohnerzahlen der auf den Zahlenstrahlen mit Buchstaben und Pfeilen gekennzeichneten Städte an.

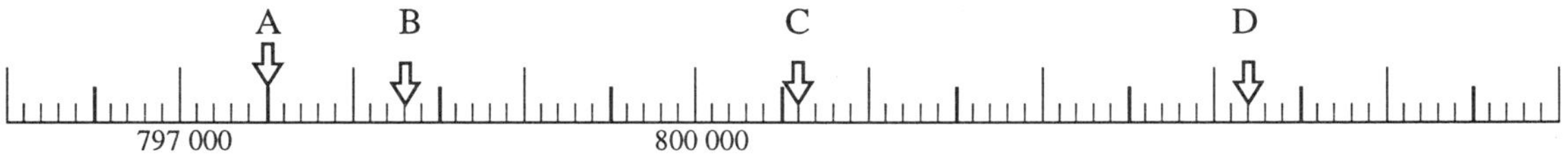

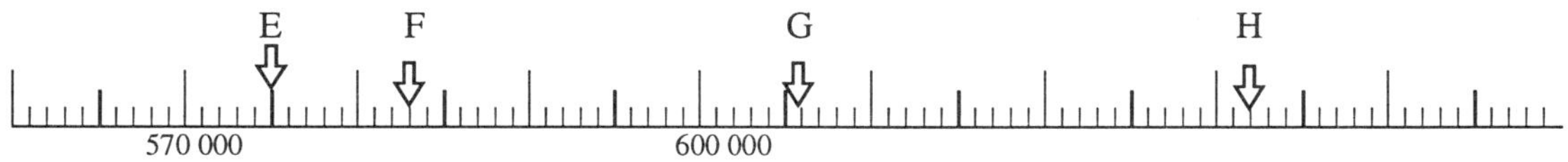

A: 797 500 B: 798 300 C: 800 600 D: 803 200
E: 575 000 F: 583 000 G: 606 000 H: 632 000

2) Wie viele Einwohner fehlen Städten mit folgenden Einwohnerzahlen bis zur Million?

970 000	**430 000**	**270 000**	**60 000**	**475 000**	**216 000**	**347 000**
30 000	**570 000**	**730 000**	**940 000**	**525 000**	**784 000**	**653 000**

3) Kannst du die Turmzahlen und Kellerzahlen ausrechnen?

Zähle dazu benachbarte Zahlen zusammen

912 800
452 300 | **460 500**
197 300 | **255 000** | **205 500**
63 300 | **134 000** | **121 000** | **84 500**

oder ziehe sie voneinander ab.

875 000 | **342 000** | **197 000** | **84 500**
533 000 | **145 000** | **112 500**
388 000 | **32 500**
355 500

Lehrbereich / Thema

Runden großer Zahlen

Didaktischer Verlauf / Lernziele

Warmrechnen:

☐ Schiffe versenken (Kopfrechnenkartei 4 / Karte 10) - einfache Plusrechnungen mit gr. Zahlen
Vorg. Zahlen müssen so addiert werden, ein Ergebnis (notiert im Schiff) zu erhalten (=versenken)

Einstieg/Motivation:

Bild eines heimischen großen Sees - Größe schätzen lassen
genaue Angabe durch L, mit dem Zusatz, dass es oft genügt, sich die ungefähre Größe zu merken

Zielangabe: Wir runden große Zahlen

Hauptteil:

Wiederholen der Rundungsregel bei kleinen Zahlen
Sicherung an TA, mehrere Beispiele
Runden großer Zahlen auf bestimmte Stellen:
Herausarbeiten der Stelle, die betrachtet werden muss, um über Auf- und Abrunden entscheiden zu können,
Bewusstmachung, dass alle kleineren Stellenwerte eine Null erhalten
Sicherung an TA, mehrere Beispiele

Übung:

AB 1 „Auf hoher See“: Runden großer Zahlen mit Hilfe von Stellenwerttafeln

Für folgende Unterrichtseinheiten:
AB 2 „Heute im Stadion“: Runden, Rundungsfehler berechnen, Überschlagen
AB 3 „Stadien hier und dort“: Schaubilder deuten und erstellen

Sicherung:

Merkeinträge (s.h.)

Tafelbild / Folie

Wir runden

Rundungsregel:

Bei den Ziffern 0 , 1 , 2 , 3 , 4 runde ab,
Bei den Ziffern 5 , 6 , 7 , 8 , 9 runde auf.

Ob auf eine Stelle auf- oder abgerundet wird, entscheidet allein der *vorhergehende* Stellenwert, also die Ziffer *rechts* von der Stelle, auf die gerundet werden soll.

Bsp.: Runden auf volle Zehntausender:
78<u>5</u> 436 ≈ 790 000   78<u>1</u> 436 ≈ 780 000

Wir runden große Zahlen

Rundungsregel:

abrunden ◀ 0 1 2 3 4 | 5 6 7 8 9 ▶ **aufrunden**

Ob auf eine Stelle auf- oder abgerundet wird,
entscheidet allein
der **vorhergehende** Stellenwert,
also die Ziffer **rechts** von der Stelle,
auf die gerundet werden soll.

Beim Runden verwenden wir das Zeichen ≈
und sprechen „ist ungefähr gleich“, „ist rund“.

Beispiele:

Runden auf volle Zehner:		Runden auf volle Tausender:	
420, 421, 422, 423, 424 ≈ **420**	425, 426, 427, 428, 429 ≈ **430**	17 056, 17 156, 17 256, 17 356, 17 456 ≈ **17 000**	17 556, 17 656, 17 756, 17 856, 17 956 ≈ **18 000**

Wir deuten und erstellen Schaubilder

Wenn man Zahlen übersichtlich miteinander vergleichen will, stellt man sie oft in **Schaubildern** dar.

Beispiel: Bonn: 296 859 Einwohner
Dortmund: 601 966 Einwohner
Nürnberg: 498 945 Einwohner

Zeichenschaubild, das heißt ein Schaubild mit Bildzeichen:
Jedes Zeichen steht für eine bestimmte Menge.

(Bildzeichen) ≙ 100 000 Einwohner

Bonn:
Dortmund:
Nürnberg:

Säulenschaubilder stellen die Größe anschaulich dar.
Dabei können die Säulen stehen oder liegen (dann auch **Streifenschaubild** genannt).

1cm ≙ 100 000 Einwohner

Bonn:
Dortmund:
Nürnberg:

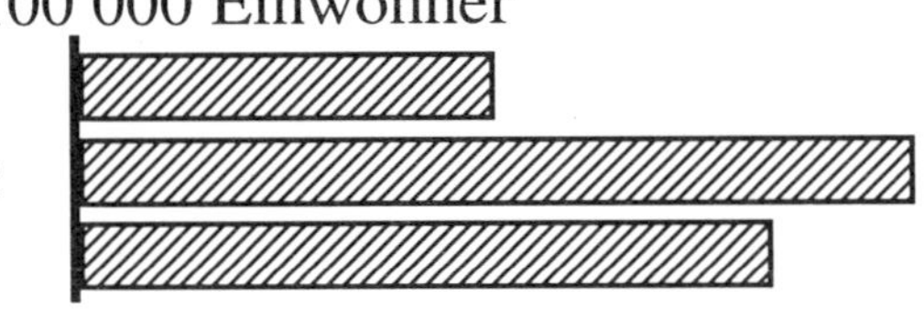

Mathematik		

Auf und ab

Rundungsregel:

abrunden ◁☐☐☐☐☐ ☐☐☐☐☐▷ **aufrunden**

Ob zum nächsten Stellenwert auf- oder abgerundet wird, entscheidet allein der ____________________ Stellenwert.

1) Runde jede Zahl auf ihren letzten Stellenwert.

genaue Zahl							gerundete Zahl					
HT	ZT	T	H	Z	E		HT	ZT	T	H	Z	E
				2	(8)	→						
			6	(3)	5	→						
		7	(7)	6	2	→						
	3	(4)	2	1	9	→						
8	(6)	1	4	2	6	→						

2) Auf hoher See - Runde auf den angegebenen Stellenwert.

Ordne den eingekreisten Zahlen nach dem Schlüssel ihren Buchstaben zu. Der Reihenfolge nach gelesen, erfährst du die seemännischen Begriffe für „rudern“ und „festbinden“.

Name des Sees und Fläche in km^2	gerundet auf die H-Stelle					gerundet auf die T-Stelle					gerundet auf die ZT-Stelle				
	ZT	T	H	Z	E	ZT	T	H	Z	E	ZT	T	H	Z	E
Gr. Bärensee/ Kanada 31 068			○ 5				○ 11				○ 2				
Eriesee/ Kanada 25 735			○ 7				○ 3				○ 8				
Michigan-See/ USA 57 994			○ 1				○ 9				○ 4				
Ladoga-See/Sowj. 18 180			○ 6				○ 10				○ 12				

0	1	2	3	4	5	6	7	8
P	**E**	**N**	**U**	**A**	**S**	**L**	**Z**	**R**

☐☐☐☐☐☐ = rudern
1 2 3 4 5 6

festbinden = ☐☐☐☐☐☐
7 8 9 10 11 12

Auf und ab

Rundungsregel:

abrunden ◁ 0 1 2 3 4 | 5 6 7 8 9 ▷ aufrunden

Ob zum nächsten Stellenwert auf- oder abgerundet wird, entscheidet allein der *vorhergehende* Stellenwert.

1) Runde jede Zahl auf ihren letzten Stellenwert.

genaue Zahl							gerundete Zahl					
HT	ZT	T	H	Z	E		HT	ZT	T	H	Z	E
				2	(8)	→					3	0
			6	(3)	5	→				6	0	0
		7	(7)	6	2	→			8	0	0	0
	3	(4)	2	1	9	→		3	0	0	0	0
8	(6)	1	4	2	6	→	9	0	0	0	0	0

2) Auf hoher See - Runde auf den angegebenen Stellenwert.

Ordne den eingekreisten Zahlen nach dem Schlüssel ihren Buchstaben zu. Der Reihenfolge nach gelesen, erfährst du die seemännischen Begriffe für „rudern" und „festbinden".

Name des Sees und Fläche in km^2	gerundet auf die H-Stelle					gerundet auf die T-Stelle					gerundet auf die ZT-Stelle				
	ZT	T	H	Z	E	ZT	T	H	Z	E	ZT	T	H	Z	E
Gr. Bärensee/ Kanada 31 068	3	1	(1) [5]	0	0	3	(1) [11]	0	0	0	(3) [2]	0	0	0	0
Eriesee/ Kanada 25 735	2	5	(7) [7]	0	0	2	(6) [3]	0	0	0	(3) [8]	0	0	0	0
Michigan-See/ USA 57 994	5	8	(0) [1]	0	0	5	(8) [9]	0	0	0	(6) [4]	0	0	0	0
Ladoga-See/Sowj. 18 180	1	8	(2) [6]	0	0	1	(8) [10]	0	0	0	(2) [12]	0	0	0	0

Zahlenschlüssel:

0	1	2	3	4	5	6	7	8
P	E	N	U	A	S	L	Z	R

P	U	L	L	E	N
1	2	3	4	5	6

= rudern

festbinden =

Z	U	R	R	E	N
7	8	9	10	11	12

Mathematik		

„Heute im Stadion“

**1) Zuschauerzahlen in Fußballstadien
Runde auf die Tausenderstelle.**

München	42 930	≈	______	Stuttgart	34 320	≈	______
Berlin	66 630	≈	______	Dortmund	28 871	≈	______
Frankfurt	22 495	≈	______	Rostock	16 507	≈	______

2) Runde die Zahlen zur H- und T-Stelle und berechne den Rundungsfehler. Male Fußbälle mit richtigen Rundungsfehlern an.

Zahl	gerundet auf die H-Stelle	Rundungsfehler	gerundet auf die T-Stelle	Rundungsfehler
64 081				
30 852				
44 729				
49 356				

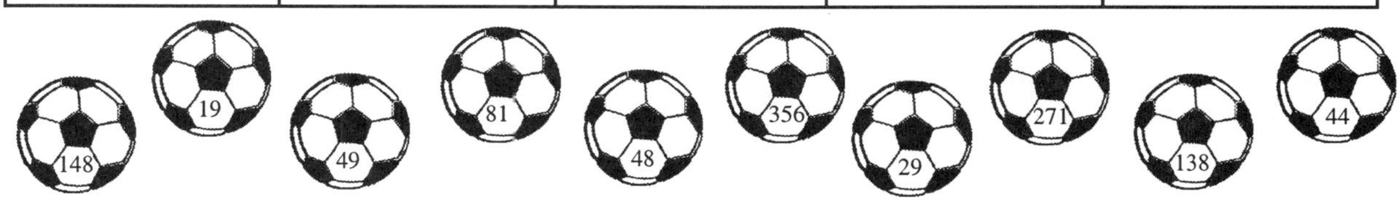

3) Bei einem Fußballspiel wurden 17 212 Sitzplatzkarten und 35 948 Stehplatzkarten verkauft. Außerdem wurden 999 Freikarten vergeben. Das Stadion bietet 62 500 Besuchern Platz.

a) Runde die Zahlen auf die Tausenderstelle.

____

b) Berechne mit den gerundeten Zahlen im Kopf die Zuschauerzahl.

____

c) Berechne die ungefähre Zahl der freien Plätze. ________________

„Heute im Stadion“

**1) Zuschauerzahlen in Fußballstadien
Runde auf die Tausenderstelle.**

München	42 930	≈	**43 000**	Stuttgart	34 320	≈	**34 000**
Berlin	66 630	≈	**67 000**	Dortmund	28 871	≈	**29 000**
Frankfurt	22 495	≈	**22 000**	Rostock	16 507	≈	**17 000**

2) Runde die Zahlen zur H- und T-Stelle und berechne den Rundungsfehler. Male Fußbälle mit richtigen Rundungsfehlern an.

Zahl	gerundet auf die H-Stelle	Rundungsfehler	gerundet auf die T-Stelle	Rundungsfehler
64 081	*64 100*	*19*	*64 000*	*81*
30 852	*30 900*	*48*	*31 000*	*148*
44 729	*44 700*	*29*	*45 000*	*271*
49 356	*49 400*	*44*	*49 000*	*356*

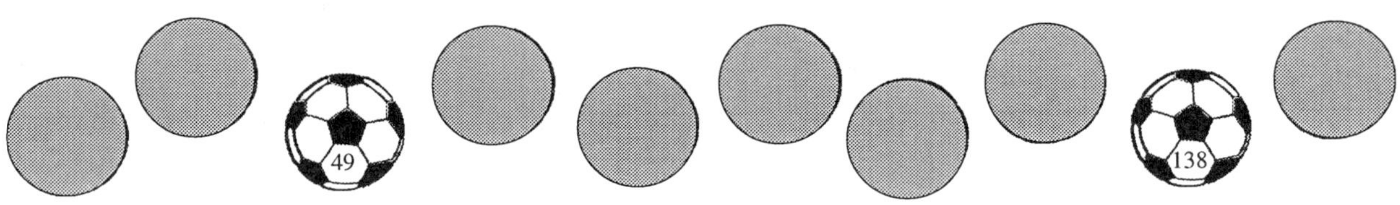

3) Bei einem Fußballspiel wurden 17 212 Sitzplatzkarten und 35 948 Stehplatzkarten verkauft. Außerdem wurden 999 Freikarten vergeben. Das Stadion bietet 62 500 Besuchern Platz.

a) Runde die Zahlen auf die Tausenderstelle.

17 000 , 36 000 , 1000 , 63 000

b) Berechne mit den gerundeten Zahlen im Kopf die Zuschauerzahl.

54 000 Zuschauer

c) Berechne die ungefähre Zahl der freien Plätze. **9 000 freie Plätze**

Mathematik

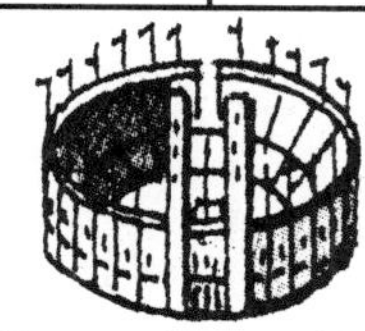

Stadien hier und dort

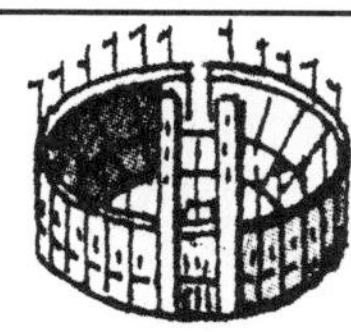

1) Ein Männchen bedeutet 10 000 Zuschauer. Kannst du die Plätze der Stadien, die zu den weltweit größten zählen, ablesen?

Maracana-Stadion in Rio de Janeiro:  ________

Hampden Park in Glasgow:  ________

Bernabeu-Stadion in Madrid:  ________

Volksparkstadion in Leipzig:  ________

Aztekenstadion in Mexiko City:  ________

Olympiastadion in Berlin:  ________

2) Auch in Deutschland gibt es große Stadien. Lies aus dem Streifenschaubild ab, wie viel Plätze es jeweils gibt. 1mm ≙ 1000 Plätzen.

Tivolistadion Aachen | ____ Plätze | 

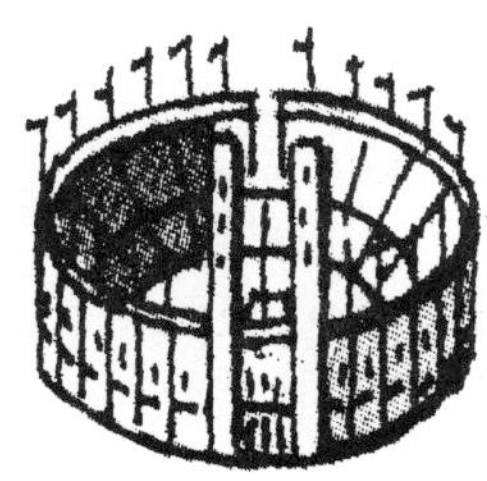

Rosenaustadion Augsburg | ____ Plätze | 

Waldstadion Frankfurt | ____ Plätze | 

Parkstadion Gelsenkirchen | ____ Plätze | 

Wildparkstadion Karlsruhe | ____ Plätze | 

Kennzeichne die richtige Länge der Streifen für folgende Stadien:

Olympiastadion München | **80 000** Plätze | ________

Ludwigsparkstad. Saarbrücken | **45 000** Plätze | ________

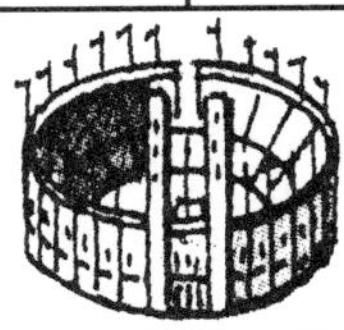

Stadien hier und dort

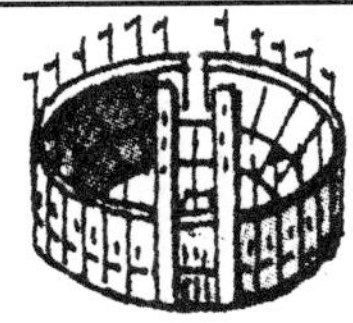

1) Ein Männchen bedeutet 10 000 Zuschauer. Kannst du die Plätze der Stadien, die zu den weltweit größten zählen, ablesen?

Maracana-Stadion in Rio de Janeiro:	210 000
Hampden Park in Glasgow:	150 000
Bernabeu-Stadion in Madrid:	140 000
Volksparkstadion in Leipzig:	120 000
Aztekenstadion in Mexiko City:	110 000
Olympiastadion in Berlin:	100 000

2) Auch in Deutschland gibt es große Stadien. Lies aus dem Streifenschaubild ab, wie viel Plätze es jeweils gibt. 1mm ≙ 1000 Plätzen.

Tivolistadion Aachen	42 000 Plätze
Rosenaustadion Augsburg	54 000 Plätze
Waldstadion Frankfurt	85 000 Plätze
Parkstadion Gelsenkirchen	78 000 Plätze
Wildparkstadion Karlsruhe	65 000 Plätze

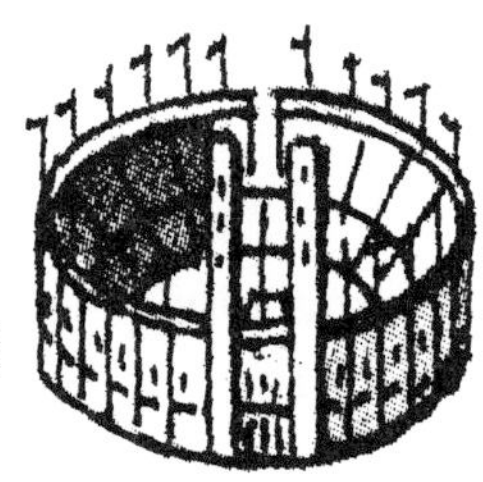

Kennzeichne die richtige Länge der Streifen für folgende Stadien:

Olympiastadion München	80 000 Plätze
Ludwigsparkstad. Saarbrücken	45 000 Plätze

Domino
Die Zahlen und ihre Stellenwerte

Wie heißt die Zahl?
Mischt die Dominokarten und legt sie verdeckt auf. Je nach Mitspieler zieht ihr drei bis fünf Karten, eine Karte wird offen in die Mitte gelegt. Der erste Spieler schaut nach, ob er eine seiner Karten anlegen kann. Dazu müssen die Stellenwerte und die Zahl zusammenpassen. Wenn nicht, muss er eine neue Dominokarte ziehen, die er, falls sie passt, noch anlegen darf. Der nächste Spieler ist an der Reihe.
Sieger ist, wer zuerst alle seine Dominokarten anlegen konnte.

Wer erreicht die höchste Zahl
Stellenwertspiel - Vergleichen von Zahlen

Der Zahlenraum wird festgelegt.
Der erste Spieler würfelt entsprechend dem ausgewählten Zahlenraum so oft, wie unten angegeben ist. Nach jedem Wurf muss er sofort entscheiden, welchen Stellenwert er mit diesem Wurf belegen will.
Die entstandene Zahl wird vorgelesen und notiert. Der nächste Spieler ist an der Reihe.
Sieger ist, wer die höchste Zahl erreicht hat.

Zehntausender: 4-mal wird gewürfelt
Stellenwerte: | T | H | Z | E |

Hunderttausender: 5-mal wird gewürfelt
Stellenwerte: | ZT | T | H | Z | E |

Million: 6-mal wird gewürfelt
Stellenwerte: | HT | ZT | T | H | Z | E |

Information / Lösung

Material:
Dominokarten

Vorbereitung:
Die Dominokarten (S.37 bzw. S.38) werden auf festeres Tonpapier kopiert und anschließend foliert.
Nun werden die Karten ausgeschnitten.

Sozialform:
Partnerarbeit, Gruppenarbeit, Arbeit an Stationen, Freiarbeit

Kontrolle:
Die Mitspieler kontrollieren sich gegenseitig. Außerdem bleibt bei richtiger Anordnung keine Karte übrig.

Information / Lösung

Material:
ein Spielwürfel

Sozialform:
Partnerarbeit, Gruppenarbeit, Arbeit an Stationen, Freiarbeit

507 602	3HT 2ZT 8T 7H 9E	328 709	4HT 9H 8E	400 908	6HT 6ZT 5T 2E	665 002	6HT 5T 2Z 6E
605 026	4HT 9T 8H 4Z	409 840	5HT 5ZT 6T 7Z 2E	556 072	3HT 7ZT 8T 2H 9 Z	378 290	3HT 7T 3Z 9E
307 039	4HT 8T 9H 4E	408 904	5HT 7ZT 2Z 2E	570 022	6HT 2ZT 5H	620 500	5HT 2ZT 7E
520 007	3HT 8ZT 9H 2E	380 902	4HT 8ZT 9H 8Z	480 980	6HT 5ZT 2Z	650 020	6HT 4ZT 5Z 2E
640 052	5HT 3ZT 3Z 2E	530 032	4HT 2ZT 8Z	420 080	3HT 5ZT 2Z 7E	350 027	5HT 1ZT 6H 2E
510 602	3HT 1ZT 9E	310 009	4HT 1ZT 8T 1E	418 001	6HT 1ZT 5E	610 005	3HT 3ZT 7Z
330 070	4HT 3ZT 4T	434 000	5HT 3ZT 7E	530 007	6HT 3ZT 5H	630 500	5HT 7T 6H 2E

Dominovorlage zum Selbstbeschriften

Stellenwertspiel
Vergleichen von Zahlen

Der Zehntausenderraum

Zwei Pack Rechenkarten von 0 bis 9 werden gemischt und in der Mitte verdeckt aufgelegt. Der erste Spieler darf nun vier Karten ziehen. Nach jeder gezogenen Karte muss er sofort entscheiden, ob er sie dem Stellenwert ‚Tausend' , ‚Hundert' , ‚Zehn' oder ‚Eins' zuordnen will.
Die so entstandene Zahl wird laut vorgelesen und notiert. Die Karten werden erneut gemischt. Der nächste Spieler ist an der Reihe.
Sieger ist, wer die höchste Zahl erreicht hat.

Der Hunderttausenderraum

Wie oben, nur dass fünf Karten gezogen werden und der Stellenwert ‚Zehntausend' dazukommt.

Die Million

Wie oben, nur dass sechs Karten gezogen werden und die Stellenwerte ‚Zehntausend' und ‚Hunderttausend' dazukommen.

Kettenrechnung
Nachbarzahlen

95 430	größerer T-Nachbar	kleinerer H-Nachbar	- 1900	+ □ = 100 000
82 591	kleinerer T-Nachbar	die Hälfte	größerer H-Nachbar	+ □ = 50 000
44 678	größerer ZT-Nachbar	die Hälfte	kleinerer Z-Nachbar	- □ = 20 000
18 578	kleinerer ZT-Nachbar	größerer H-Nachbar	das Doppelte	+ □ = 100 000

Information / Lösung

Material:
Rechenkarten

Vorbereitung:
Das Rechenkartenblatt (S.41) wird am besten auf festeres Tonpapier kopiert und anschließend foliert.
Anschließend werden die Karten (2 Sätze) ausgeschnitten.
Für das Stellenwertspiel müssen der Joker und die Zehn aussortiert werden.

Sozialform:
Partnerarbeit, Gruppenarbeit, Arbeit an Stationen, Freiarbeit

Information / Lösung

Material:
Karte mit den Kettenrechnungen

Vorbereitung:
Das Blatt evtl. auf Kartonpapier kopieren und folieren.

Sozialform:
Partnerarbeit, (Gruppenarbeit), Arbeit an Stationen, Freiarbeit

Lösung:

95 430 / 96 000 / 95 900 / 94 000 / **6 000**

82 591 / 82 000 / 41 000 / 41 100 / **8 900**

44 678 / 50 000 / 25 000 / 24 990 / **4 990**

18 578 / 10 000 / 10 100 / 20 200 / **79 800**

1
2
3
4
5
6
7
8
9
10
0
0
1
2
3
4
5
6
7
8
9
10

Zahlenstreifen

1	1	1	1	1	1	1
2	2	2	2	2	2	2
3	3	3	3	3	3	3
4	4	4	4	4	4	4
5	5	5	5	5	5	5
6	6	6	6	6	6	6
7	7	7	7	7	7	7
8	8	8	8	8	8	8
9	9	9	9	9	9	9
0	0	0	0	0	0	0

Zahlenmaschine
Stellenwerte / Nachbarzahlen

M	HT	ZT	T	H	Z	E

1) Stelle die Zahl ein, die dir dein Partner diktiert.
2) Nenne Vorgänger und Nachfolger.
3) Nenne auch die Nachbarn anderer Stellenwerte, z.B. Tausendernachbarn.

Irrgarten
Ordnen von Zahlen

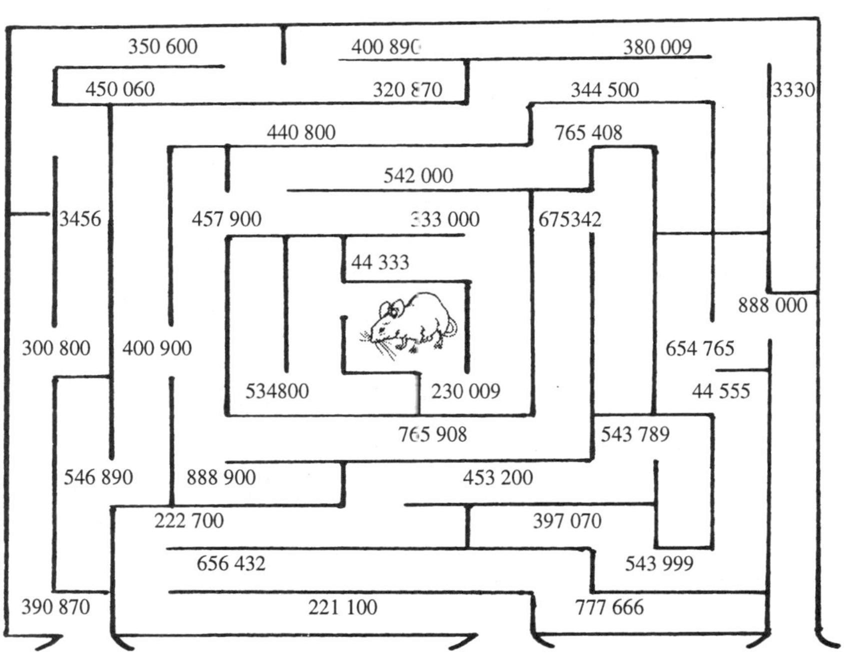

Hilf der Maus den Weg aus dem Irrgarten zu finden.
Schreibe dann alle Zahlen auf, die auf dem richtigen Weg liegen.
Ordne sie nun nach der Größe, beginne mit der kleinsten Zahl.

Information / Lösung

Material:
Zahlenmaschine und Zahlenstreifen

Vorbereitung:
Die Zahlenmaschine (sie kann auch auf den Hunderttausender- bzw. Zehntausenderraum verkleinert werden) wird am besten auf festeres Kartonpapier kopiert und anschließend foliert.
Mit einem scharfen Messer werden die Striche zum Einschieben der Zahlenstreifen eingeritzt, das große Rechteck wird ausgeschnitten und bildet das Fenster, in dem die Zahl sichtbar wird.
Die dazugehörigen Zahlenstreifen (S.42) werden ebenfalls foliert.

Sozialform:
Partnerarbeit, Gruppenarbeit, Arbeit an Stationen, Freiarbeit

Information / Lösung

Material/Vorbereitung: Irrgarten folieren

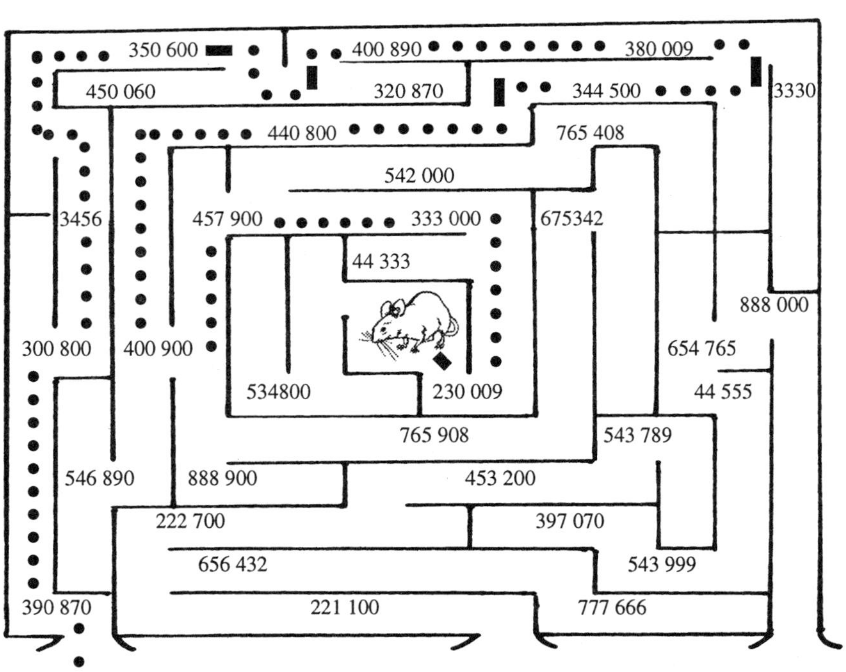

Zahlen auf dem Weg:	Zahlen (geordnet):
230 009	3 456
333 000	230 009
457 900	300 800
400 900	333 000
440 800	344 500
344 500	350 600
380 009	380 009
400 890	390 870
350 600	400 890
3 456	400 900
300 800	440 800
390 870	457 900

Sozialform: Partnerarbeit, Arbeit an Stationen, Freiarbeit

Kreuzzahlrätsel
Zahlen vergleichen

Vergleiche jeweils die drei Zahlen und trage waagrecht die kleinste der drei Zahlen, senkrecht dagegen die größte der drei Zahlen ein.

1	2	3	4	5	6
2					
3					
4					
5					
6					

waagrecht:
1) 976 824 / 967 824 / 968 824
2) 546 204 / 546 214 / 546 205
3) 805 442 / 805 440 / 805 402
4) 610 777 / 620 777 / 610 877
5) 332 444 / 332 424 / 342 422
6) 210 210 / 310 200 / 220 209

senkrecht:
1) 958 632 / 958 532 / 958 622
2) 640 037 / 630 138 / 640 131
3) 755 022 / 765 020 / 765 019
4) 824 742 / 814 747 / 824 727
5) 200 077 / 100 777 / 200 721
6) 442 740 / 442 448 / 432 940

Würfelspiel - Schnuffi will zu seinem Freund
Zahlvorstellung üben

Wer von euch schafft es zuerst, Schnuffi mit dem Knochen zu seinem Freund in der Hütte zu bringen?

Legt die Ereigniskarten gemischt auf das dafür vorgesehene Feld.
Es wird der Reihe nach gewürfelt. Wer auf ein Smily-Feld kommt, darf drei Felder vorrücken. Wer auf ein Ereignisfeld kommt, bekommt die Aufgabe vorgelesen. Kann er die Frage richtig beantworten, darf er fünf Felder vorrücken, ansonsten muss er stehenbleiben. Die Lösung steht in kleiner Schrift unten auf der Karte, zum Ablesen musst du aber zuerst die Karte drehen!

Wer zuerst bei der Hundehütte ist, hat gewonnen.

Information / Lösung

Lösung:

9	6	7	8	2	4
5	4	6	2	0	4
8	0	5	4	0	2
6	1	0	7	7	7
3	3	2	4	2	4
2	1	0	2	1	0

Material:
Kreuzzahlrätsel

Vorbereitung:
Kreuzzahlrätsel auf Kartonpapier kopieren und folieren.
Die Kinder beschriften mit wasserlöslichem Folienstift.

Sozialform:
Partnerarbeit, Arbeit an Stationen, Freiarbeit

Information / Lösung

Material:
Würfelspielvorlage S.47, Ereigniskarten S.48, Spielwürfel und Spielfiguren

Vorbereitung:
Würfelspielvorlage und Ereigniskarten werden auf Kartonpapier kopiert und foliert.
Die Ereigniskarten werden auseinander geschnitten.

Sozialform:
Partnerarbeit, Gruppenarbeit, Arbeit an Stationen, Freiarbeit

Kontrolle:
Die Schüler kontrollieren sich gegenseitig anhand der Lösung auf der Ereigniskarte.
(Zum Ablesen der Lösung muss die Karte umgedreht werden!)

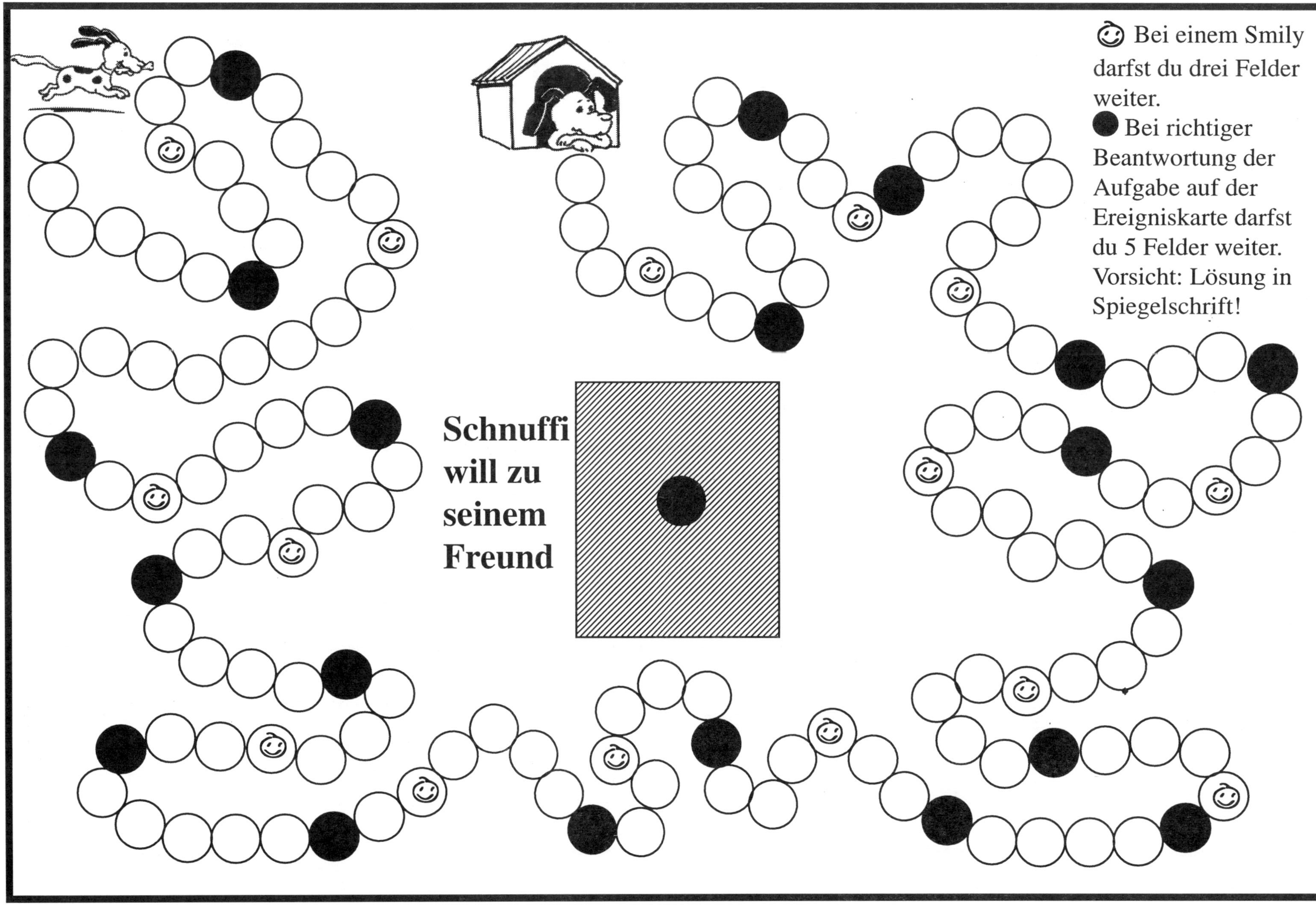
Bei einem Smily darfst du drei Felder weiter.
Bei richtiger Beantwortung der Aufgabe auf der Ereigniskarte darfst du 5 Felder weiter. Vorsicht: Lösung in Spiegelschrift!
Schnuffi will zu seinem Freund

Ereigniskarten zum Würfelspiel"Schnuffi will zu seinem Freund"
Zahlenraum bis zur Million

Wie heißt die größte fünfstellige Zahl? 99 999	Wie heißt die größte fünfstellige Zahl, die durch 2 teilbar ist? 99 998	Nenne eine Zahl mit fünf gleichen Ziffern, deren Quersumme 10 ist. 22 222	Nenne eine durch 10 teilbare fünfstellige Zahl mit fallender Ziffernfolge. 43 210
Nenne die Hunderternachbarn von 45 678. 45 600/45 700	Nenne die Tausendernachbarn von 96 854. 96 000 / 97 000	Nenne die Hunderternachbarn von 39 945. 39 900 / 40 000	Nenne die Tausendernachbarn von 80 001. 80 000 / 81 000
Nenne eine durch 5 teilbare fünfstellige Zahl mit steigender Ziffernfolge. 12 345 oder 67 890	Nenne eine Zahl mit fünf gleichen Ziffern, deren Quersumme 15 ist. 33 333	Wie heißt die kleinste fünfstellige Zahl? 10 000	Wie heißt die kleinste fünfstellige Zahl, die durch 2 teilbar ist? 10 000
Wie heißt die fünfstellige Zahl mit drei Nullen am Schluss, die durch 3 und 7 teilbar ist. 21 000/42 000	Wie heißt die fünfstellige Zahl mit drei Nullen am Schluss, die durch 8 und 7 teilbar ist. 56 000	Wie heißt die kleinste sechsstellige Zahl, die durch 3 teilbar ist? 100 002	Wie heißt die kleinste sechsstellige Zahl? 100 000
Nenne eine Zahl mit sechs gleichen Ziffern, deren Quersumme 30 ist. 555 555	Nenne eine Zahl mit fünf gleichen Ziffern, deren Quersumme 20 ist. 44 444	Nenne eine möglichst große durch 10 teilbare fünfstellige Zahl. 99 990	Nenne eine durch 10 teilbare sechsstellige Zahl mit fallender Ziffernfolge. 543 210

Probebausteine
Seite 1

Schreibe die Zahlen mit Ziffern.

fünfhunderttausenddreiundzwanzig ____________
vierhunderttausendsieben ____________
eine Million achttausendsechzig ____________

Schreibe die fehlenden Zahlen auf.

700 040 / 700 030 / 700 020 ☐ ☐ ☐

☐< oder ☐>

856 703 ☐ 856 704	909 909 ☐ 910 000	522 725 ☐ 522 275
702 200 ☐ 700 800	370 930 ☐ 370 390	605 914 ☐ 606 000

Fülle die Tabelle aus.

Nachbarzehntausender	Nachbarhunderter	Vorgänger	Zahl	Nachfolger	Nachbarhunderter	Nachbarzehntausender
			400 300			
			109 999			

Ordne die Zahlen nach der Größe.

980 902 / 890 902 / 999 209 / 989 000 / 890 920 / 899 092

____

Ergänze auf eine Million.

970 000	450 000	60 000	479 000	854 000	23 600

Probebausteine
Seite 2

Für welche Zahlen stehen die Buchstaben?

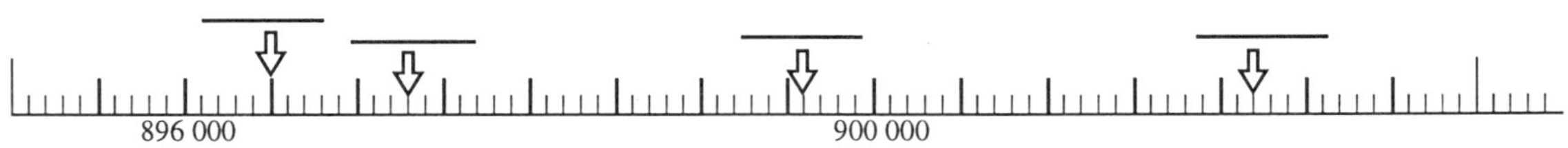

Für welche Zahlen stehen die Buchstaben?

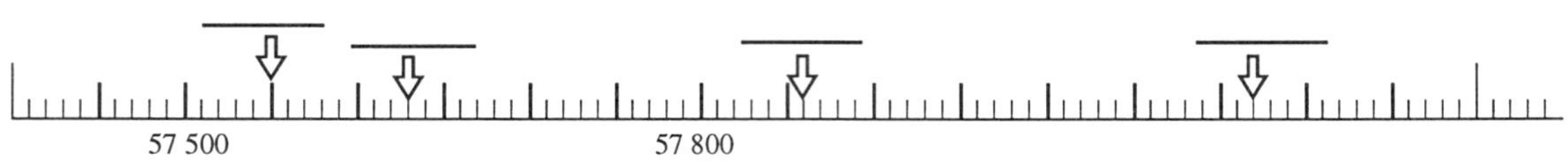

Setze die Folgen fort.

879 600 / 879 700 / 879 800 / _______ / _______ / _______

_______ / 599 970 / 599 980 / 599 990 / _______ / _______

300 040 / 300 030 / 300 020 / _______ / _______ / _______

______ / 430 003 / 430 002 / 430 001 / _______ / _______

Zerlege die Zahlen.

500 000	
200 000	
120 000	

900 000	
600 000	
344 000	

700 000	
450 000	
275 000	

Trage die Zahlen in das Pfeilbild ein.

ist größer als ➔

467 370	523 298
532 297	467 730

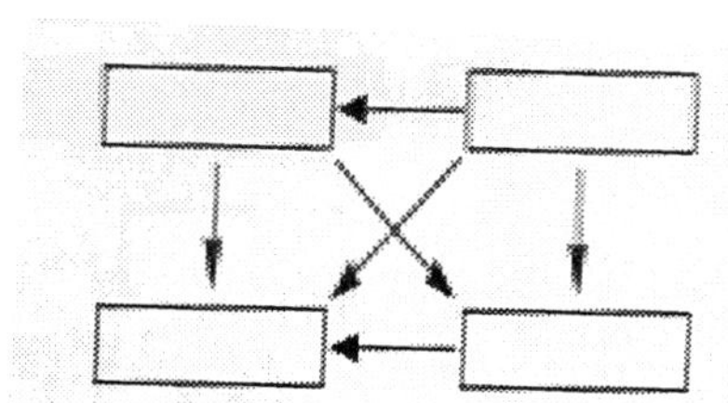

Probebausteine
Seite 3

Rechne die Kellerzahl aus.

380 000	140 000	65 000	8 900

Rechne aus.

204 000 + 67 000 = ________

97 000 + 103 000 = ________

235 000 + 49 000 = ________

760 000 - 44 000 = ________

429 000 - 139 000 = ________

396 000 - 179 000 = ________

Berechne.

2 • 8000 = _____

3 • 900 = _____

4 • 70 = _____

6 • 700 = _____

8 • 9000 = _____

7 • 800 = _____

Berechne.

720 000 : 8 = ________

63 000 : 9 = ________

3 600 : 4 = ________

400 000 : 8 = ________

Rechne aus. Beachte das Rechenzeichen.

946 000 - 35 000 = ___________

235 000 + 48 000 = ___________

764 900 - 5 000 = ___________

8 • 50 000 = ___________

30 000 • 6 = ___________

810 000 : 9 = ___________

Runde zur Tausenderzahl .

57 519 ≈ ________ 245 996 ≈ ________

45 206 ≈ ________ 200 388 ≈ ________

Runde jede Zahl zur Hunderterzahl und gib den Rundungsfehler an.

169 950 ____________ Rundungsfehler ____________

729 683 ____________ Rundungsfehler ____________

Für je 10 000 Einwohner ist ein Männchen gezeichnet.
Gib die ungefähren Einwohnerzahlen für folgende Städte an.

Ingolstadt:  ≈ ________ Einwohner

Kempten:  ≈ ________ Einwohner

Rosenheim:  ≈ ________ Einwohner

---

Lies aus dem Säulendiagramm ab, wie viele Übernachtungs-gäste folgender Kurort zu verzeichnen hatte.

1996: ________

1997: ________

1998: ________

1999: ________

2000: ________

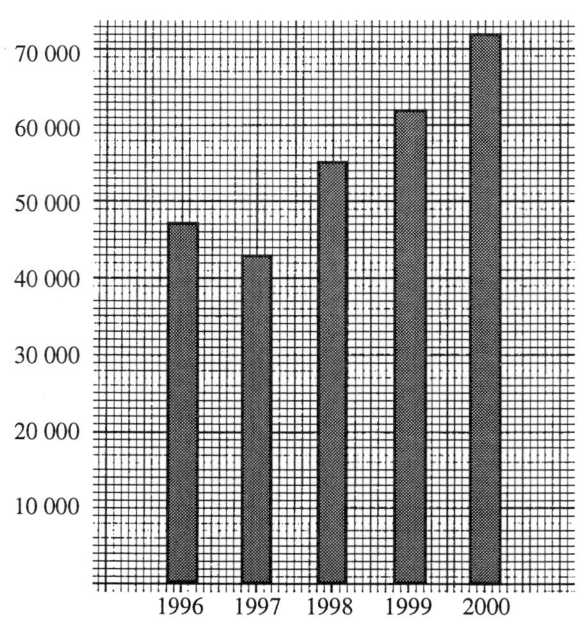

Probebausteine-Lösung

Seite 1

Schreibe die Zahlen mit Ziffern.

500 023 / 400 007 / 1 008 060

Schreibe die fehlenden Zahlen auf.

700 010 / 700 000 / 699 990

< oder >

< < >

> > <

Fülle die Tabelle aus.

Nachbarzehn-tausender	Nachbar-hunderter	Vorgänger	Zahl	Nachfolger	Nachbar-hunderter	Nachbarzehn-tausender
400 000	400 200	400 299	400 300	400 301	400 400	410 000
100 000	109 900	109 998	109 999	110 000	110 000	110 000

Ordne die Zahlen nach der Größe.

890 902 / 890 920 / 899 092 / 980 902 / 989 000 / 999 209

Ergänze auf eine Million.

30 000 / 550 000 / 940 000 / 521 000 / 146 000 / 976 400

Seite 2

Für welche Zahlen stehen die Buchstaben?

896 500 / 897 300 / 899 600 / 902 200

Für welche Zahlen stehen die Buchstaben?

57 550 / 57 630 / 57 860 / 58 120

Probebausteine-Lösung

Setze die Folgen fort.

879 900 / 880 000 / 880 100

599 960 / ... / 600 000 / 600 010

300 010 / 300 000 / 299 990

430 004 / ... / 430 000 / 429 999

Zerlege die Zahlen.

500 000: 300 000 / 380 000

900 000: 300 000 / 556 000

700 000: 250 000 / 425 000

Trage die Zahlen in das Pfeilbild ein.

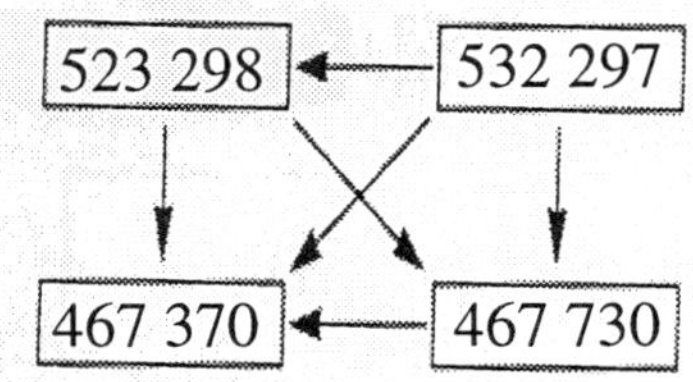

Seite 3

Rechne die Kellerzahl aus.

240 000 75 000 56 100

165 000 18 900

146 100

Rechne aus.

271 000 / 200 000 / 284 000 / 716 000 / 290 000 / 217 000

Berechne.

16 000 / 4 200 / 2 700 / 72 000 / 280 / 5 600

Berechne.

90 000 / 900 / 7 000 / 50 000

Rechne aus. Beachte das Rechenzeichen.

911 000 / 283 000 / 759 900 / 400 000 / 180 000 / 90 000

Probebausteine-Lösung

Seite 4

Runde zur Tausenderzahl .

58 000 / 45 000 / 246 000 / 200 000

Runde jede Zahl zur Hunderterzahl und gib den Rundungsfehler an.

170 000 Rundungsfehler 50

729 700 Rundungsfehler 17

***Für je 10 000 Einwohner ist ein Männchen gezeichnet.
Gib die ungefähren Einwohnerzahlen für folgende Städte an.***

Ingolstadt: 90 000 Einwohner

Kempten: 60 000 Einwohner

Rosenheim: 50 000 Einwohner

Lies aus dem Säulendiagramm ab, wie viele Übernachtungsgäste folgender Kurort zu verzeichnen hatte.

1996: 47 000 Gäste

1997: 43 000 Gäste

1998: 55 000 Gäste

1999: 62 000 Gäste

2000: 72 000 Gäste

Themenbereich:
Addition und Subtraktion mit großen Zahlen

Die schriftlichen Rechenverfahren zur Addition und Subtraktion sind aus der dritten Jahrgangsstufe bekannt.
In der vierten Jahrgangsstufe erfolgt die Erweiterung auf den Zahlenraum bis zur Million und die vielfältige Übung der schriftlichen Verfahren.

In diesem Skript wurden zwei besondere Schwierigkeiten herausgegriffen, die in der dritten Jahrgangsstufe noch nicht so zu tragen kommen.
Im Bereich der Addition:
das Addieren mehrerer Zahlen mit unterschiedlich vielen Stellenwerten;
im Bereich der Subtraktion:
das Subtrahieren mehrerer Zahlen in einem Schritt.
Daneben wird auch das **waagrechte Addieren bzw. Subtrahieren** geübt.
Außerdem finden die Verfahren ihre Anwendung in **Sachaufgaben und Zahlenrätsel.**

Weitere Kopfrechnungen in anregender Gestaltung mit Aufgaben und Ergebnissen sind enthalten in der Kartei

„Mit viel Spaß fit im Kopfrechnen" (4.Jgst.)

(gleicher Verlag und Autor),

z.B. Bingo, Fußball, Geheimcoderatemeister, Indianerglück, Korbtreffer, Rechenschlange, Schiffe versenken, Würfelspaß, Zahlenpirat u.v.m..

Weitere Arbeitsblätter zu diesem Themenbereich finden sich im Kopierheft mit Pfiff

Addition und Subtraktion (3./4. Jgst.)

(gleicher Verlag und Autor).

Dabei sind zur *Wiederholung der Verfahren* besonders die Arbeitsblätter S.31 und S.33 bzw. S.41 und S.43 geeignet, z.B. „Ri-ra-rutsch".
Addition und Subtraktion in Sachaufgaben bieten die Arbeitsblätter S.45 bis S.53, bzw. S.63, z.B. „Von unseren Tieren".
Der Zahlenraum bis zur Million wird in den Arbeitsblättern S.55 bis S.61 ausgeschöpft, z.B.: „Hohe Unfallzahlen", „Im Irrgarten unterwegs" oder „Spuckrekordler".

Lehrbereich / Thema

srftl. Addition (Wdhg. und Erweiterung auf große Zahlen)

Didaktischer Verlauf / Lernziele

Warmrechnen:

☜ Safecode-Knacker (Kopfrechnenkartei 4 / Karte 8)
mehrere kurze Kettenrechnungen mit [+] -Aufgaben, eine oder auch mehrere Aufgaben führen zum richtigen Ergebnis, d.h. zum Code (zur Lösungszahl), mit dem der Safe zu knacken ist.

☜ Zwilling (Kopfrechnenkartei 4 / Karte 20)
zwei Rechtecke mit gleich vielen Aufgaben, wobei jeweils eine Aufgabe aus dem rechten und eine Aufgabe aus dem linken Rechteck zum selben Ergebnis führen („Zwillingsaufgabe“)

Einstieg/Motivation: Bilder von Möbelstücken mit Preisangabe als st.Imp.
Schüler stellen zunächst selbst Aufgaben, anschließend Aufgabe s.TA

Zielangabe: Wir wiederholen das schriftliche Addieren

Hauptteil:

Lösen der Aufgabe
Besonderer Hinweis auf das saubere Untereinanderschreiben der einzelnen Stellenwerte.
Erweiterung der Aufgabe (Summanden haben unterschiedlich viele Stellenwerte)
sauberes Untereinanderschreiben der Posten
stellenweises Addieren

Übung:

AB 1: „Einrichten macht Spaß“
AB 2: „Heiliger ... , steh mir bei!“
Sicherung (Merkeintrag)

Tafelbild / Folie

Einrichten macht Spaß

Familie Neumann braucht noch eine Menge Möbelstücke für ihr neues Haus.

In einem Einrichtungshaus sehen sie eine Sitzgruppe für 1279 Euro und einen dazu passenden Tisch für 368 Euro.	Wir rechnen: 1279 Euro + 368 Euro (Überträge: 1 1) 1647 Euro ========	Sie zahlen zusammen 1647 Euro.
Frau Neumann möchte dazu noch eine Vase für 9 Euro, passende Kissen für zusammen 32 Euro und einen Teppich für 267 Euro.	Wir rechnen: 1647 Euro 9 Euro 32 Euro + 267 Euro (Überträge: 1 2) 1955 Euro ========	Alles zusammen kostet 1955 Euro.

Beim schriftlichen Addieren werden Einer unter Einer, Zehner unter Zehner, Hunderter unter Hunderter, ... geschrieben. Dann wird stellenweise addiert.

Kopfrechnen:

Safecode-Knacker (Kettenrechnung) *Code 515*

160 + 80 + 5 + 270 = (515)

230 + 90 + 6 + 9 + 190 = (525)

170 + 170 + 56 + 110 + 9 = (515)

143 + 12 + 190 + 70 = (415)

Zwillinge

565 + 678	(1243)	767 + 576	(1343)
754 + 623	(1377)	865 + 502	(1367)
868 + 499	(1367)	609 + 634	(1243)
476 + 867	(1343)	676 + 701	(1377)

Merkeintrag-Vorschlag:

Wir addieren schriftlich

Familie Neumann braucht noch eine Menge Möbelstücke für ihr neues Haus.
In einem Einrichtungshaus sehen sie eine Sitzgruppe für 1 279 Euro und einen dazu passenden Tisch für 368 Euro. Frau Neumann möchte dazu noch eine Vase für 9 Euro, passende Kissen für zusammen 32 Euro und einen Teppich für 267 Euro.
Die neue Küche kostet 13 678 Euro.
Wie viel gibt Familie Neumann aus?

```
   1 279 Euro
     368 Euro
       9 Euro
      32 Euro
     267 Euro
+ 13 678 Euro
  1  3 4
-------------
  15 633 Euro
=============
```

Familie Neumann muss 15 633 Euros bezahlen.

Beim schriftlichen Addieren werden Einer unter Einer, Zehner unter Zehner, Hunderter unter Hunderter, ... geschrieben.
Dann wird stellenweise addiert.

Mathematik		

Einrichten macht Spaß

1) Rechne schriftlich.

5 834	14 928	156 297	564 876	2 876
9 278	7 392	2 984	9 203	348 729
+4 823	+38 978	+ 45 874	+345 987	+ 57 869
=====	======	=======	=======	=======

2) Schreibe folgende Zahlen untereinander und zähle zusammen.

546 973 + 76 469 + 32 987 + 12 984 = ________

749 873 + 298 + 62 + 9 783 = ________

459 873 + 17 + 934 + 23 408 = ________

645 + 92 + 23 987 + 1 + 345 987 = ________

3) Schreibe folgende Zahlen untereinander und zähle zusammen. Verbinde die Punkte in der Reihenfolge der Ergebnisse.

45 763, 7, 654, 7 486 ________

23, 879, 5 878, 42 675 ________

8, 72, 46 234, 7 681 ________

45 632, 89, 6, 4 312 ________

7 845, 94, 6, 48 673 ________

37, 9, 7 345, 41 765 ________

8, 63, 976, 48 642 ________

45 983, 71, 6, 5 643 ________

4, 7 897, 56, 43 823 ________

72, 7, 5 762, 41 678 ________

43, 8, 675, 49 632 ________

44 768, 45, 870, 4 ________

41 876, 65, 9, 6 789 ________

98, 607, 2 089, 45 786 ________

43 213, 9, 76, 836 ________

6, 83, 945, 42 897 ________

47 894, 8, 76, 317 ________

678, 43 762, 9, 678 ________

43 976, 7, 34, 6 354 ________

9, 58, 418, 44 736 ________

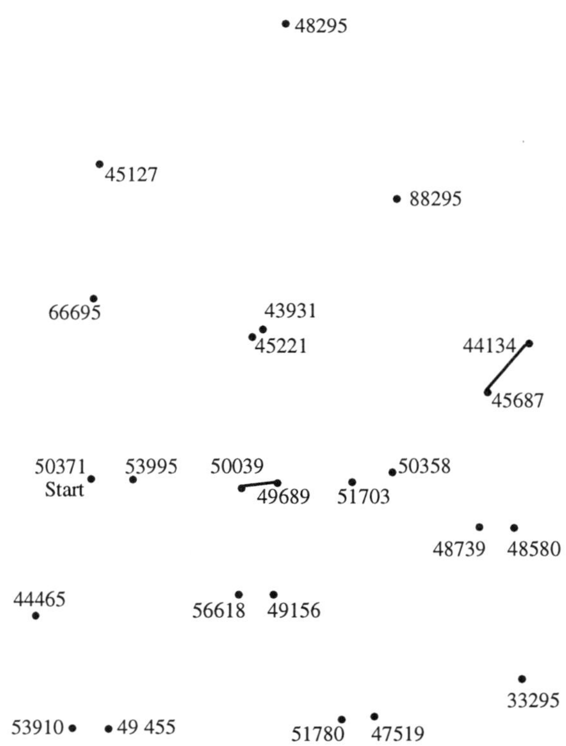

Mathematik		

Einrichten macht Spaß

1) Rechne schriftlich.

5 834	14 928	156 297	564 876	2 876
9 278	7 392	2 984	9 203	348 729
+4 823	+38 978	+ 45 874	+345 987	+ 57 869
19 935	**61 298**	**205 155**	**920 066**	**409 474**
=====	======	=======	=======	=======

2) Schreibe folgende Zahlen untereinander und zähle zusammen.

546 973 + 76 469 + 32 987 + 12 984 = **669 413**
749 873 + 298 + 62 + 9 783 = **760 016**
459 873 + 17 + 934 + 23 408 = **484 232**
645 + 92 + 23 987 + 1 + 345 987 = **370 712**

**3) Schreibe folgende Zahlen untereinander und zähle zusammen.
Verbinde die Punkte in der Reihenfolge der Ergebnisse.**

45 763, 7, 654, 7 486	**53 910**
23, 879, 5 878, 42 675	**49 455**
8, 72, 46 234, 7 681	**53 995**
45 632, 89, 6, 4 312	**50 039**
7 845, 94, 6, 48 673	**56 618**
37, 9, 7 345, 41 765	**49 156**
8, 63, 976, 48 642	**49 689**
45 983, 71, 6, 5 643	**51 703**
4, 7 897, 56, 43 823	**51 780**
72, 7, 5 762, 41 678	**47 519**
43, 8, 675, 49 632	**50 358**
44 768, 45, 870, 4	**45 687**
41 876, 65, 9, 6 789	**48 739**
98, 607, 2 089, 45 786	**48 580**
43 213, 9, 76, 836	**44 134**
6, 83, 945, 42 897	**43 931**
47 894, 8, 76, 317	**48 295**
678, 43 762, 9, 678	**45 127**
43 976, 7, 34, 6 354	**50 371**
9, 58, 418, 44 736	**45 221**

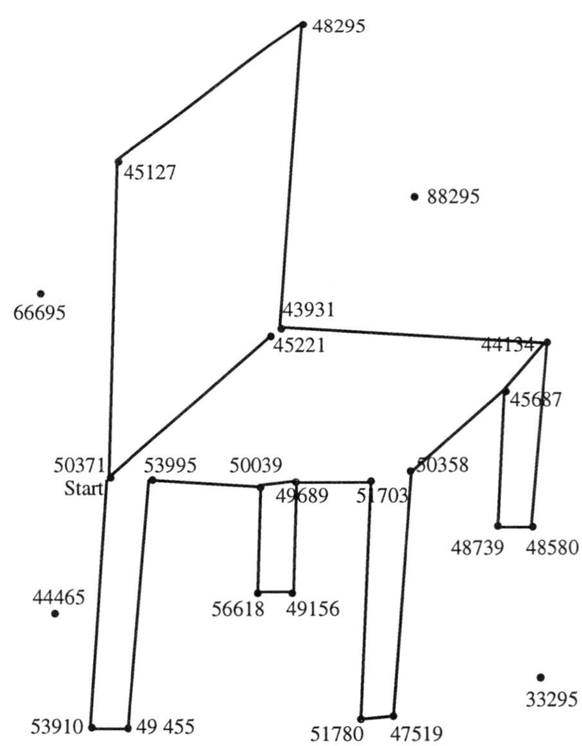

Mathematik		

„Heiliger .... , steh mir bei!"

1) Rechne waagrecht zusammen.
Zur Probe rechne dann untereinander.

564 839 + 45 973 + 68 + 2 398 + 7 + 345 987 = ________

43 + 7 456 + 92 741 + 543 987 + 9 + 43 297 = ________

390 + 230 876 + 6 732 + 66 889 + 23 + 1 + 712 = ________

45 820 + 456 + 12 987 + 77 + 30 987 + 2 + 55 = ________

66 923 + 87 + 8 + 23 546 + 666 888 + 2 + 456 = ________

2) Schreibe die Aufgaben vollständig.

	4		5		6
+		1		4	
	6	7	3	4	5

	7	8			9
+			5	6	
	9	8	6	7	5

			7	3	9
+	6	7			
	8	7	3	2	4

	2	3			7
+			4	5	
	7	3	0	2	1

3) In der Überschrift fehlt der Name des Schutzpatrons für Schüler und Studenten. Du erfährst ihn, wenn du folgende Ergebnisse der Größe nach ordnest. Beginne mit dem kleinsten Ergebnis. Trage den Namen des Schutzpatrons in der Überschrift ein.

321 839 + 45 563 + 48 + 2 288 + 62 + 579 987 =	________	I
49 + 5 453 + 29 741 + 543 444 + 2 + 77 297 =	________	S
569 + 246 876 + 6 234 + 66 793 + 26 + 4 + 812 =	________	O
19 820 + 333 + 46 947 + 71 + 67 987 + 3 + 77 =	________	A
34 923 + 91 + 7 + 23 666 + 123 876 + 5 + 226 =	________	L
876 567 + 67 + 873 + 89 765 + 7 + 555 321 =	________	S
54 + 987 + 45 + 34 676 + 986 432 + 8 + 8 734 =	________	U
693 + 20 890 + 5 + 340 702 + 3 820 + 45 =	________	Y

„Heiliger ALOYSIUS , steh mir bei!"

1) Rechne waagrecht zusammen.
Zur Probe rechne dann untereinander.

564 839 + 45 973 + 68 + 2 398 + 7 + 345 987 = **959 272**

43 + 7 456 + 92 741 + 543 987 + 9 + 43 297 = **687 533**

390 + 230 876 + 6 732 + 66 889 + 23 + 1 + 712 = **305 623**

45 820 + 456 + 12 987 + 77 + 30 987 + 2 + 55 = **90 384**

66 923 + 87 + 8 + 23 546 + 666 888 + 2 + 456 = **757 910**

2) Schreibe die Aufgaben vollständig.

45596	78109	19739	23567
+ 21749	+ 20566	+ 67585	+ 49454
67345	98675	87324	73021

3) In der Überschrift fehlt der Name des Schutzpatrons für Schüler und Studenten. Du erfährst ihn, wenn du folgende Ergebnisse der Größe nach ordnest. Beginne mit dem kleinsten Ergebnis.
Trage den Namen des Schutzpatrons in der Überschrift ein.

321 839 + 45 563 + 48 + 2 288 + 62 + 579 987 =	**949 787**	I
49 + 5 453 + 29 741 + 543 444 + 2 + 77 297 =	**655 986**	S
569 + 246 876 + 6 234 + 66 793 + 26 + 4 + 812 =	**321 314**	O
19 820 + 333 + 46 947 + 71 + 67 987 + 3 + 77 =	**135 238**	A
34 923 + 91 + 7 + 23 666 + 123 876 + 5 + 226 =	**182 794**	L
876 567 + 67 + 873 + 89 765 + 7 + 555 321 =	**1 522 600**	S
54 + 987 + 45 + 34 676 + 986 432 + 8 + 8 734 =	**1 030 936**	U
693 + 20 890 + 5 + 340 702 + 3 820 + 45 =	**366 155**	Y

Lehrbereich / Thema

Subtraktion mehrerer Zahlen

Didaktischer Verlauf / Lernziele

Warmrechnen:

Rechenschlange (Kopfrechnenkartei 4 / Karte 7)
Kettenrechnungen mit [+] und [–] -Aufgaben sind in Schlangenform aufgeschrieben, die Schüler rechnen vom Schlangenkopf zum Schwanzende

Welcher Hund findet welchen Knochen? (Kopfrechnenkartei 4 / Karte 5)
Das Folienbild zeigt 8 Hunde mit Ergebniszahlen. Dabei stehen 8 Subtraktionsaufgaben (Knochen). Durch srftl. Rechnen ordnen die Schüler die Aufgaben den Hunden zu.

Einstieg/Motivation: Dosenfutter für Hunde (Dose oder Bild)
Aufgabe s.TA / Schülervorschläge zum Rechnen

Zielangabe: Wir lernen das Subtrahieren mehrerer Zahlen in einem Schritt

Hauptteil:

Lösen der Aufgabe auf bekanntem Weg
- durch zweimaliges Subtrahieren je einer Zahl
- durch Addieren der beiden Posten und anschließender Subtraktion

Lösen der Aufgabe in einem Schritt
- Untereinanderschreiben der beiden Posten wie beim Subtrahieren einer Zahl
- Zusammenzählen der Minuenden und Ergänzung zum Subtrahenden (s.TA)
- Vergleich der Ergebnisse

Rechnen der Probe

Übung:

weitere Beispiele gemeinsam an der Tafel
AB 1: „Auf den Hund gekommen“ / AB 2: „Noch mehr Fabelnamen“
Sicherung (Merkeintrag)

Tafelbild / Folie

Großumsatz bei Hundefutterhersteller Rex

Hundefutterhersteller „Rex“ verkaufte von seiner neuen Produktion von 80 000 Stück 18 435 Dosen an Großhändler „Alles für den Hund“ und 26 734 an Großhändler „Dog“. Wie viele Dosen verbleiben von dieser Produktion?

Wir rechnen:

1.Weg:	80 000	61 565	2.Weg:	18 435	80 000
	- 18 435	- 26 734		+ 26 734	- 45 169
	61 565	**34 831**		45 169	**34 831**

Von der Produktion bleiben 34 831 Dosen übrig.

Wir können auch in einem Schritt abziehen: 80 000 - 18 435 - 26 734 = ____

Wir rechnen:	Wir sprechen:	Probe:
80 000	4, 9 plus **1** gleich 10, 1 an, 1 gemerkt;	34 831
- 18 435	4, 7 plus **3** gleich 10, 3 an, 1 gemerkt;	26 734
- 26 734 (gemerkt: 2 2 1 1)	8, 12 plus **8** gleich 20, 8 an, 2 gemerkt;	+ 18 435
34 831	8, 16 plus **4** gleich 20, 4 an, 2 gemerkt;	80 000
	4, 5 plus **3** gleich 8, 3 an.	

Kopfrechnen:

Rechenschlange (Kettenrechnung)

34 567 - 6 666 - 7 777 - 8 888 - 9 999 = 1 237
76 543 - 1 234 - 5 678 - 9 876 - 5 432 = 54 323
30 303 - 6 565 - 9 898 - 4 343 - 8 787 = 710

Welcher Hund findet welchen Knochen?

56 565 - 46 378	10 187	66 767 - 56 875	9 892
73 754 - 62 623	11 131	82 865 - 72 888	9 977
62 862 - 51 999	10 863	71 009 - 60 821	10 188
74 676 - 63 869	10 807	93 676 - 83 777	9 899

Motivationsbild :

Merkeintrag-Vorschlag:

Wegnehmen von zwei Zahlen in einem Schritt

Hundefutterhersteller „Rex“ verkaufte von seiner neuen Produktion von 80 000 Stück 18 435 Dosen an Großhändler „Alles für den Hund“ und 26 734 an Großhändler „Dog“.
Wie viele Dosen verbleiben von dieser Produktion?

Wir rechnen:

1.Weg:	80 000	61 565	2.Weg:	18 435	80 000
	- 18 435	- 26 734		+ 26 734	- 45 169
	61 565	**34 831**		45 169	**34 831**

Von der Produktion bleiben 34 831 Dosen übrig.

Wir können auch in einem Schritt abziehen:
80 000 - 18 435 - 26 734 = □

Wir rechnen:	Wir sprechen:	Probe:
80 000	4, 9 plus **1** gleich 10, 1 an, 1 gemerkt;	34 831
- 18 435	4, 7 plus **3** gleich 10, 3 an, 1 gemerkt;	26 734
- 26 734 (2 2 1 1)	8, 12 plus **8** gleich 20, 8 an, 2 gemerkt;	+ 18 435
	8, 16 plus **4** gleich 20, 4 an, 2 gemerkt;	80 000
34 831	4, 5 plus **3** gleich 8, 3 an.	

Wir zählen also bei jedem Stellenwert die Ziffern der abzuziehenden Zahlen zusammen und ergänzen.

Mathematik		

Auf den Hund gekommen

1) Löse die Aufgaben in einem Schritt. Zähle zur Probe zusammen.

72 354	64 764	70 678	72 918	61 723
- 5 603	- 12 763	- 32 854	- 38 528	- 17 534
- 8 340	- 43 242	- 27 632	- 29 765	- 12 345
======	======	======	======	======

2) Viele Tiere haben andere Namen in der Fabel, z.B. Lampe, der Hase, oder Isegrim, der Wolf. Kennst du den Fabelnamen für Hündchen? Die Geheimschrift hilft dir.

A	C	E	K	L	O	R	S	W
56 732	**57 539**	**56 461**	**55 632**	**56 539**	**57 461**	**55 732**	**57 532**	**55 561**

123 524	132 782	141 753	123 252	117 913
- 43 623	- 42 863	- 56 844	- 29 308	- 27 502
- 24 340	- 33 187	- 27 370	- 38 312	- 33 950
□	□	□	□	□
======	======	======	======	======

122 264	139 554	139 677	136 333	In der Fabel
- 28 135	- 38 773	- 63 594	- 45 678	heißt Hündchen
- 38 397	- 44 242	- 18 622	- 33 123	
□	□	□	□	____________
======	======	======	======	

3) Für „Meisterschnüffler“

243 524	325 002	511 213	600 242	712 213
- 35 998	- 49 666	- 89 582	- 79 773	- 84 888
- 73 666	- 46 233	- 77 855	- 27 778	- 87 582
- 62 340	- 44 887	- 37 376	- 78 377	- 38 958
======	======	======	======	======

Auf den Hund gekommen

1) Löse die Aufgaben in einem Schritt. Zähle zur Probe zusammen.

72 354	64 764	70 678	72 918	61 723
- 5 603	- 12 763	- 32 854	- 38 528	- 17 534
- 8 340	- 43 242	- 27 632	- 29 765	- 12 345
58 411	**8 759**	**10 192**	**4 625**	**31 844**
======	======	======	======	======

2) Viele Tiere haben andere Namen in der Fabel, z.B. Lampe, der Hase, oder Isegrim, der Wolf. Kennst du den Fabelnamen für Hündchen? Die Geheimschrift hilft dir.

A	C	E	K	L	O	R	S	W
56 732	**57 539**	**56 461**	**55 632**	**56 539**	**57 461**	**55 732**	**57 532**	**55 561**

123 524	132 782	141 753	123 252	117 913
- 43 623	- 42 863	- 56 844	- 29 308	- 27 502
- 24 340	- 33 187	- 27 370	- 38 312	- 33 950
55 561 **W**	**56 732** **A**	**57 539** **C**	**55 632** **K**	**56 461** **E**
======	======	======	======	======

122 264	139 554	139 677	136 333	In der Fabel
- 28 135	- 38 773	- 63 594	- 45 678	heißt Hündchen
- 38 397	- 44 242	- 18 622	- 33 123	
55 732 **R**	**56 539** **L**	**57 461** **O**	**57 532** **S**	**WACKERLOS**
======	======	======	======	

3) Für „Meisterschnüffler“

243 524	325 002	511 213	600 242	712 213
- 35 998	- 49 666	- 89 582	- 79 773	- 84 888
- 73 666	- 46 233	- 77 855	- 27 778	- 87 582
- 62 340	- 44 887	- 37 376	- 78 377	- 38 958
71 520	**184 216**	**306 400**	**414 314**	**500 785**
======	======	======	======	======

Noch mehr Fabelnamen

Genauso wie beim schriftlichen Rechnen kann man mehrere Zahlen auch in einer Zeile wegnehmen, indem man die Ziffern der einzelnen Stellenwerte zusammenzählt und entsprechend ergänzt.
Versuche es und du erfährst die Fabelnamen anderer Tiere.

Geheimcode:

A	B	C	E	F	K	L
66 732	67 539	66 461	65 632	66 539	67 461	65 732
P	R	S	T	U	Z	
67 532	65 561	67 531	66 649	67 549	65 451	

Rabe:

224 889 - 83 483 - 73 874 = ________ __
120 357 - 18 834 - 34 984 = ________ __
199 009 - 45 932 - 87 345 = ________ __
243 686 - 87 373 - 88 764 = ________ __
218 606 - 65 743 - 87 231 = ________ __
166 992 - 87 542 - 12 989 = ________ __
167 449 - 55 645 - 44 343 = ________ __
188 966 - 44 569 - 78 765 = ________ __
198 313 - 98 453 - 32 321 = ________ __
174 498 - 87 654 - 21 212 = ________ __
165 227 - 75 335 - 22 343 = ________ __
194 929 - 56 569 - 71 711 = ________ __
185 506 - 77 453 - 42 421 = ________ __
124 698 - 37 634 - 21 332 = ________ __ ________________________

Henne:

211 163 - 12 345 - 53 483 - 77 874 = ________ __
162 055 - 45 876 - 15 834 - 34 784 = ________ __
222 960 - 23 321 - 45 532 - 87 375 = ________ __
277 333 - 34 567 - 87 353 - 88 764 = ________ __
253 716 - 34 789 - 65 745 - 87 731 = ________ __
313 605 - 87 432 - 87 552 - 72 989 = ________ __
247 081 - 77 654 - 55 545 - 47 343 = ________ __
234 095 - 43 212 - 45 569 - 77 765 = ________ __
240 026 - 44 321 - 95 453 - 32 721 = ________ __
247 275 - 66 878 - 85 654 - 27 212 = ________ __ ________________________

Mathematik		

Noch mehr Fabelnamen

Genauso wie beim schriftlichen Rechnen kann man mehrere Zahlen auch in einer Zeile wegnehmen, indem man die Ziffern der einzelnen Stellenwerte zusammenzählt und entsprechend ergänzt.
Versuche es und du erfährst die Fabelnamen anderer Tiere.

Geheimcode:

A	B	C	E	F	K	L
66 732	67 539	66 461	65 632	66 539	67 461	65 732
P	R	S	T	U	Z	
67 532	65 561	67 531	66 649	67 549	65 451	

Rabe:

224 889 - 83 483 - 73 874 = **67 532 P**
120 357 - 18 834 - 34 984 = **66 539 F**
199 009 - 45 932 - 87 345 = **65 732 L**
243 686 - 87 373 - 88 764 = **67 549 U**
218 606 - 65 743 - 87 231 = **65 632 E**
166 992 - 87 542 - 12 989 = **66 461 C**
167 449 - 55 645 - 44 343 = **67 461 K**
188 966 - 44 569 - 78 765 = **65 632 E**
198 313 - 98 453 - 32 321 = **67 539 B**
174 498 - 87 654 - 21 212 = **65 632 E**
165 227 - 75 335 - 22 343 = **67 549 U**
194 929 - 56 569 - 71 711 = **66 649 T**
185 506 - 77 453 - 42 421 = **65 632 E**
124 698 - 37 634 - 21 332 = **65 732 L**

Pflückebeutel

Henne:

211 163 - 12 345 - 53 483 - 77 874 = **67 461 K**
162 055 - 45 876 - 15 834 - 34 784 = **65 561 R**
222 960 - 23 321 - 45 532 - 87 375 = **66 732 A**
277 333 - 34 567 - 87 353 - 88 764 = **66 649 T**
253 716 - 34 789 - 65 745 - 87 731 = **65 451 Z**
313 605 - 87 432 - 87 552 - 72 989 = **65 632 E**
247 081 - 77 654 - 55 545 - 47 343 = **66 539 F**
234 095 - 43 212 - 45 569 - 77 765 = **67 549 U**
240 026 - 44 321 - 95 453 - 32 721 = **67 531 S**
247 275 - 66 878 - 85 654 - 27 212 = **67 531 S**

Kratzefuß

Mathematik		

Wir rechnen Sachaufgaben mit plus und minus

1) Bei einem Computerspiel erzielte Susi 15 678 Punkte und ihr Bruder Johann 8 376 Punkte. Susis Freundin Gabi unterlag mit 9 305 Punkten ihrem Bruder Tim mit 14 208 Punkten.
   a) Mit wie vielen Punkten Abstand zu jedem der drei Mitspieler hat Susi gewonnen?
   b) Welches Geschwisterpaar ist Sieger? Welchen Punktevorsprung hat es?

2) Der Neubau eines Doppelhauses war mit 389 000 Euro veranschlagt. Die Grundstückskosten beliefen sich auf 73 889 Euro, die Baukosten betrugen 289 703 Euro, die Nebenkosten waren 26 789 Euro.

3) Im Derby zwischen dem FC Bayern München und 1860 München bezahlten 44 686 Zuschauer an Kasse 1 ihren Eintritt, 8 405 Zuschauer an Kasse 2, 9 666 an Kasse 3, 8 312 an Kasse 4 und 7 698 an Kasse 5.
   Wie viele Zuschauer zahlten insgesamt an den Kassen Eintritt? Überschlage zuerst.

4) Frau Huber kauft 4 Dosen Milch, das Stück zu 47 Cent, 2 Kilo Mehl, das Kilo zu 88 Cent , und 18 Semmeln, wobei eine Tüte mit 6 Semmeln 95 Cent kostet. Frau Grebe zahlt mit 10 Euro.

5) Frau Reise steuert den Bus bei einer mehrtägigen Fahrt. Sie schreibt bei der Abfahrt und an jedem Abend den Kilometerstand auf: 244 607, 244 952, 245 220, 245 406, 245 484, 245 707, 246 319.
   Berechne die täglichen Fahrstrecken und die Gesamtstrecke.

Wir rechnen Sachaufgaben mit plus und minus

1) a) Johann: 15 678 - 8 376 = 7 302 Punkte
Gabi: 15 678 - 9 305 = 6 373 Punkte
Tim: 15 678 - 14 208 = 1 470 Punkte
Susi gewinnt mit 7 302, 6 373 bzw. 1 470 Punkten Abstand.
b) Susi und Johann: 15 678 + 8 376 = 24 054 Punkte
Gabi und Tim: 9 305 + 14 208 = 23 513 Punkte
Vorsprung: 24 054 - 23 513 = 541 Punkte
Susi und Johann gewinnen mit 541 Punkten Vorsprung.

2) Wie hoch waren die Kosten im Vergleich zum Kostenvoranschlag?
Kosten: 73 889 Euro + 289 703 Euro + 26 789 Euro = 390 381 Euro.
Unterschied:390 381 Euro - 389 000 Euro = 1 381 Euro.
Die Kosten beliefen sich auf 390 381 Euro, der Kostenvoranschlag lag um 1 381 Euro darunter.

3) Überschlag: 40 000 + 8 000 + 10 000 + 8 000 + 8 000 = 74 000
44 686 + 8 405 + 9 666 + 8 312 + 7 698 = 78 767 Zuschauer.
78 767 Zuschauer zahlten insgesamt an den Kassen Eintritt.

4) 47 Cent + 47 Cent + 47 Cent + 47 Cent = 188 Cent
88 Cent + 88 Cent = 176 Cent
95 Cent + 95 Cent + 95 Cent = 285 Cent
188 Cent + 176 Cent + 285 Cent = 649 Cent
1 000 Cent - 649 Cent = 351 Cent = 3 Euro 51 Cent
Sie bezahlt 6 Euro 49 Cent und bekommt 3 Euro 51 Cent zurück.

5) 1.Tag: 244 952 - 244 607 = 345 km
2.Tag: 245 220 - 244 952 = 268 km
3.Tag: 245 406 - 245 220 = 186 km
4.Tag: 245 484 - 245 406 = 78 km
5.Tag: 245 707 - 245 484 = 223 km
6.Tag: 246 319 - 245 707 = 612 km
Gesamtstrecke: 246 319 - 244 607 = 1 712 km

Mathematik		

Zahlenrätsel

Rechne auf einem gesonderten Blatt und notiere das Ergebnis im Kästchen.

1) Wie heißt die Summe der Zahlen 54 199 und 48 602?

2) Zähle zu 134 804 und 59 351 die Zahl 390 781 dazu.

3) Addiere die Zahlen 14 046, 45 502 und 90 999.

4) Die erste Zahl heißt 67 934. Die Summe ist 245 821.

5) Subtrahiere von der Zahl 120 732 die Zahl 73 957.

6) Bilde die Differenz der Zahlen 102 354 und 76 897.

7) Wenn du von meiner Zahl 34 675 abziehst, erhältst du die Summe aus 28 769 und 83 586.

8) Wenn du zu meiner Zahl 33 026 dazuzählst, erhältst du die Differenz aus den Zahlen 102 482 und 66 723.

9) Subtrahiere von der Summe der Zahlen 45 375 und 21 976 die Differenz der Zahlen 52 031 und 47 897.

Zahlenrätsel

Rechne auf einem gesonderten Blatt und notiere das Ergebnis im Kästchen.

1) 54 199 + 48 602

102 801

2) 134 804 + 59 351 + 390 781

584 936

3) 14 046 + 45 502 + 90 999

150 547

4) 245 821 - 67 934

177 887

5) 120 732 - 73 957

46 775

6) 102 354 - 76 897

25 457

7) ☐ - 34 675 = 28 769 + 83 586
☐ = 112 355 + 34 675

147 030

8) ☐ + 33 026 = 102 482 - 66 723
☐ = 35 759 - 33 026

2 733

9) (45 375 + 21 976) - (52 031- 47 897) =
67 351 - 4 134

63 217

Ewig im Kreis herum

Rechne im Uhrzeigersinn.

Wie viele Umdrehungen schaffst du?

Rechenscheibe

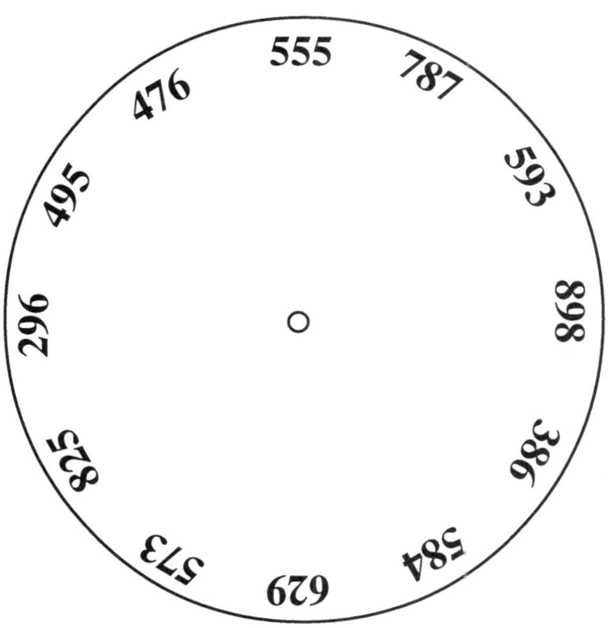

555

Drehe die Scheibe zweimal hintereinander.

Zähle die zwei Zahlen im Fenster zusammen oder ziehe die kleinere Zahl von der größeren Zahl ab.

Information / Lösung

Material:
Rechenscheibe: „Ewig im Kreis herum“

Vorbereitung:

Evtl. Karte folieren,
Lösungszahlen für jede volle Runde auf der Rückseite notieren
(evtl. auch Teillösungen)

Sozialform / Arbeitsweise:

Partnerarbeit, Gruppenarbeit, Arbeit an Stationen, Freiarbeit
Kontrolle durch Vergleich mit der Lösung auf der Rückseite bzw. durch Mitschüler

Lösung:
erste Runde(Teillösungen): 4738 / 1810 / 3359 / 983 / 4708 / 2049 / **765**
zweite Runde(Teillösungen): 6448 / 5503 / 2575 / 4124 / 1748 / 5473 / 2814 / **1530**
weitere Runden (nur Endlösung): **2295 / 3060 / 3825 / 4590 ...**

Information / Lösung

Material:
Rechenscheibe, Karton, Brieftaschenklammer

Vorbereitung:

Kreise ausschneiden und auf festen Karton kleben oder folieren. Beim zweiten Kreis muss das kleine Fenster herausgeschnitten werden. Die beiden Kreise werden mit einer Brieftaschenklammer in der Mitte zusammengeklammert.

Sozialform / Arbeitsweise:

Partnerarbeit, Gruppenarbeit, Arbeit an Stationen, Freiarbeit
Ein Schüler dreht die Scheibe zweimal hintereinander (evtl. auch zwei Schüler, jeder einmal), die beiden Zahlen im Fenster werden addiert oder subtrahiert.

Kontrolle durch Mitschüler

Kreuzzahlrätsel

Aufgaben
siehe Rückseite

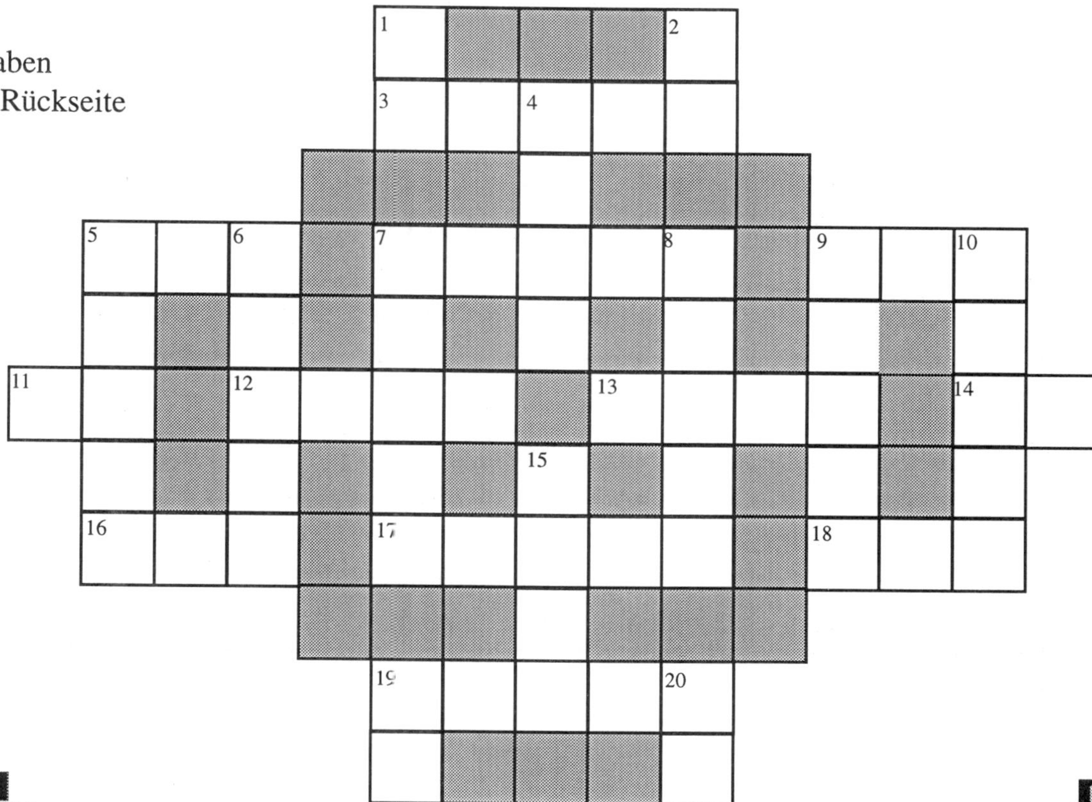

Telefonbuchrechnen

Sucht alle Telefonnummern zu dem Familiennamen eines Mitschülers und zählt sie zusammen. Vergleicht euere Ergebnisse und überprüft!
Gibt es zu einem Familiennamen nur zwei verschiedene Telefonnummern, zieht sie voneinander ab. Vergleicht!

!!!Für die ganz Fitten!!!

Sucht die Telefonnummern zu einem häufig vorkommenden Familiennamen (z.B. Schmidt, Maier ...) und zählt alle Nummern zusammen.
Kommt ihr alle auf das gleiche Ergebnis? Rechnet nach, bis mindestens zwei das gleiche Ergebnis haben.

Information / Lösung

Aufgaben:

waagrecht:

3	899 + 1 555 + 14 861
5	1 234 + 4 321 - 5 049
7	9 876 + 44 444 + 16 288
9	7 777 - 6 666 - 200
11	369 + 369 - 727
12	3 702 - 1 234 - 1 234
13	777 + 666 - 86
14	1 111 - 245 - 852
16	1 610 - 161 - 1 288
17	4 444 + 6 666 + 6 398
18	2 000 - 184 - 1 632
19	12 345 + 1 234 + 5 693

senkrecht:

1	3 499 + 1 111 - 4 599
2	2 222 - 333 - 1 864
4	4 321 + 1 234 - 1 594
5	33 333 + 2 222 + 19 596
6	23 456 + 23 456 + 14 199
7	71 111 + 4 567 + 1 693
8	90 000 - 1 245 - 7 377
9	55 667 + 33 445 + 10 659
10	4 866 - 688 + 5 976
15	1 010 + 101 + 441
19	1 900 - 19 - 1 862
20	3 030 - 2 020 - 990

Vorbereitung:
Kreuzzahlrätsel auf Kartonpapier kopieren und folieren. Die Kinder beschriften mit wasserlöslichem Folienstift.

Sozialform:
Partnerarbeit, Arbeit an Stationen, Freiarbeit

Lösung:

waagr.: 17 315 / 506 / 70 608 / 911 / 11 / 1 234 / 1 357 / 14 / 161 / 17 508 / 184 / 19 272

senkr.: 11 / 25 / 3 961 / 55 151 / 61 111 / 77 371 / 81 378 / 99 771 / 10 154 / 1 552 / 19 / 20

Information / Lösung

Material:
gleiche Telefonbücher in Gruppenstärke

Vorbereitung:
Lehrer kann sich selbst Aufgaben überlegen und Lösung zur Selbstkontrolle vorgeben

Sozialform:
Partnerarbeit, Gruppenarbeit, Arbeit an Stationen, Freiarbeit

Mögliche Aufgabenstellungen:

* alle Zahlen addieren
* die ersten beiden Zahlen subtrahieren
* auch für Mal- und Geteiltaufgaben einsetzbar (s.d.)
* Kettenrechnungen:

z.B. Zähle zur Nummer von Frau X, die Nummer von Herrn Y, ziehe davon die Nummer von Herrn Z in der ...-Straße ab usw.

Im Spielzeugladen

Du hast von deiner Tante 20 Euro geschenkt bekommen. Was kaufst du dir dafür? Spiele das Einkaufen mehrmals.

Auf den Würfel, fertig, los

Ein Partnerspiel

Jeder Spieler erwürfelt eine vier- bis fünfstellige Zahl, indem er würfelt und die Ziffer sofort aufschreibt.
Die so erwürfelten Zahlen werden von beiden Partnern zusammengezählt bzw. wird die kleinere Zahl von der größeren Zahl abgezogen.
Vergleicht und kontrolliert euere Ergebnisse.

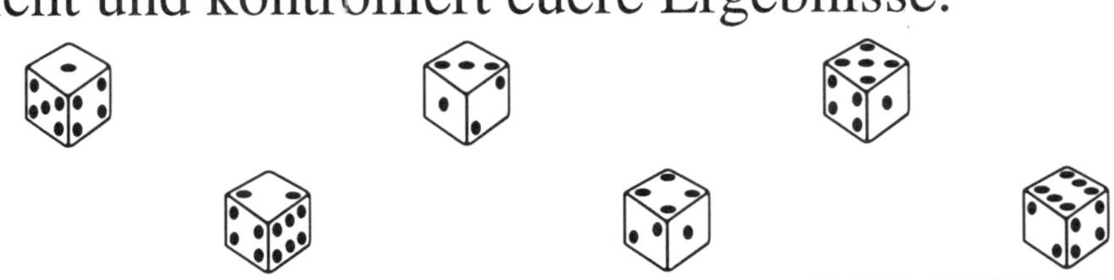

Information / Lösung

Material:
Weiterführung mit ausgewählten Prospekten über Spielzeuge möglich

Vorbereitung:
Lehrer kann sich selbst Aufgaben überlegen und Lösung zur Selbstkontrolle vorgeben

Sozialform:
Partnerarbeit, Gruppenarbeit, Arbeit an Stationen, Freiarbeit
Kontrolle durch den Mitspieler bzw. mit einer evtl. vorliegenden Lösung

Mögliche Aufgabenstellungen:
z.B. Du kaufst dir den Teddy mit den schwarzen Pfoten und den Zug.
Wie viel bekommst du zurück?

Lösung 1: 7,77 Euro + 9,05 Euro = 16,82 Euro
20,00 Euro - 16,82 Euro = 3,18 Euro

Lösung 2: 20,00 Euro - 7,77 Euro = 12,23 Euro
12,23 Euro - 9,05 Euro = 3,18 Eur

Information / Lösung

Material:
ein Würfel für jeden Spieler
(gut geeignet sind auch Würfel mit acht oder zehn Flächen, zehnte Fläche = 0)

Vorbereitung:

Sozialform:
Partnerarbeit: jeder Partner erwürfelt eine Zahl, mit den beiden Zahlen wird gerechnet
Gruppenarbeit: jedes Gruppenmitglied erwürfelt eine Zahl, alle Zahlen werden addiert
Arbeit an Stationen, Freiarbeit
(Kontrolle durch Mitspieler)

Beruf „Handlungsreisender“

Herr Roller besucht seine Kunden in den verschiedensten Städten. Einmal führte ihn seine Tour von Stuttgart nach Saarbrücken, weiter über Bonn, Düsseldorf, Bremen, Kiel, Hamburg, Hannover und Frankfurt wieder nach Stuttgart zurück. Berechne die gefahrenen Kilometer.

Straßen-kilometer	Berlin	Bonn	Bremen	Düsseldorf	Frankfurt	Hamburg	Hannover	Kiel	Mainz	München	Saarbrücken	Stuttgart	Wiesbaden
Berlin													
Bonn	588												
Bremen	392	349											
Düsseldorf	565	71	297										
Frankfurt	530	159	449	218									
Hamburg	286	445	115	416	498								
Hannover	285	322	112	285	341	160							
Kiel	350	543	209	511	593	98	255						
Mainz	560	151	459	209	40	531	364	639					
München	612	530	717	614	396	766	606	861	384				
Saarbrücken	740	250	570	330	186	695	540	785	160	430			
Stuttgart	618	330	663	399	185	682	522	777	190	239	230		
Wiesbaden	570	145	485	210	35	540	375	630	10	445	175	225	

Stellt euch selbst solche Aufgaben.

Bundes - Jugendspiele

Wer hat im Vergleichskampf gewonnen. Alle Mädchen sind 10 Jahre alt.
Lass dir von deinem Lehrer die aktuelle Punktetabelle geben. Nun kannst du den Sieger ermitteln.
Stellt euch selbst solche Aufgaben. Achtet darauf, dass sich die Punktetabellen von Mädchen und Buben unterscheiden.

	Weitspr.		50 m		Ballwurf		Gesamtpunkte
Angela	2,77		10,1		32,0		
Berta	3,61		11,5		9,0		
Christa	2,69		11,2		22,5		
Dora	3,27		11,8		21,0		
Elfriede	2,85		9,6		17,0		
Frieda	3,03		10,7		21,5		

Information / Lösung

Material:
evtl. vergrößerte Entfernungstabellen in Gruppenstärke

Vorbereitung:
Zur leichteren Entnahme der Straßenkilometer empfiehlt es sich eine Entfernungstabelle zu vergrößern und zu folieren.
Der Lehrer kann selbst Aufgaben zusammenstellen und deren Lösung zur Selbstkontrolle vorgeben.

Sozialform:
Partnerarbeit, Gruppenarbeit, Arbeit an Stationen, Freiarbeit

Mögliche Aufgabenstellungen:

* Rundfahrten
* Hin- und Rückfahrt von einem Ort zum anderen
* mehrmalige Fahrten zu einem bestimmten Ort

usw.

Lösung zum Beispiel vorne: (in km) 230+250+71+297+209+98+160+341+185 = **1 841 km**

Information / Lösung

Material:
aktuelle Wettkampfkarten zu den Bundesjugendspielen - Leichtathletik in Gruppenstärke

Vorbereitung:
Zur leichteren Entnahme der Punkte empfiehlt es sich die notwendigen Punktetabellen zu kopieren, evtl. zu vergrößern und zu folieren.
Der Lehrer kann selbst Aufgaben zusammenstellen und deren Lösung zur Selbstkontrolle bereitstellen.

Sozialform:
Partnerarbeit, Gruppenarbeit, Arbeit an Stationen, Freiarbeit

Lösung zum Beispiel vorne (nach der Punktetabelle des DLV 2000)

	Weitspr.		50 m		Ballwurf		Gesamtpunkte
Angela	2,77	274	10,1	179	32,0	415	**868**
Berta	3,61	387	11,5	92	9,0	111	**590**
Christa	2,69	262	11,2	109	22,5	311	**682**
Dora	3,27	343	11,8	76	21,0	292	**711**
Elfriede	2,85	285	9,6	217	17,0	240	**742**
Frieda	3,03	310	10,7	139	21,5	299	**748**

Zahlenturm

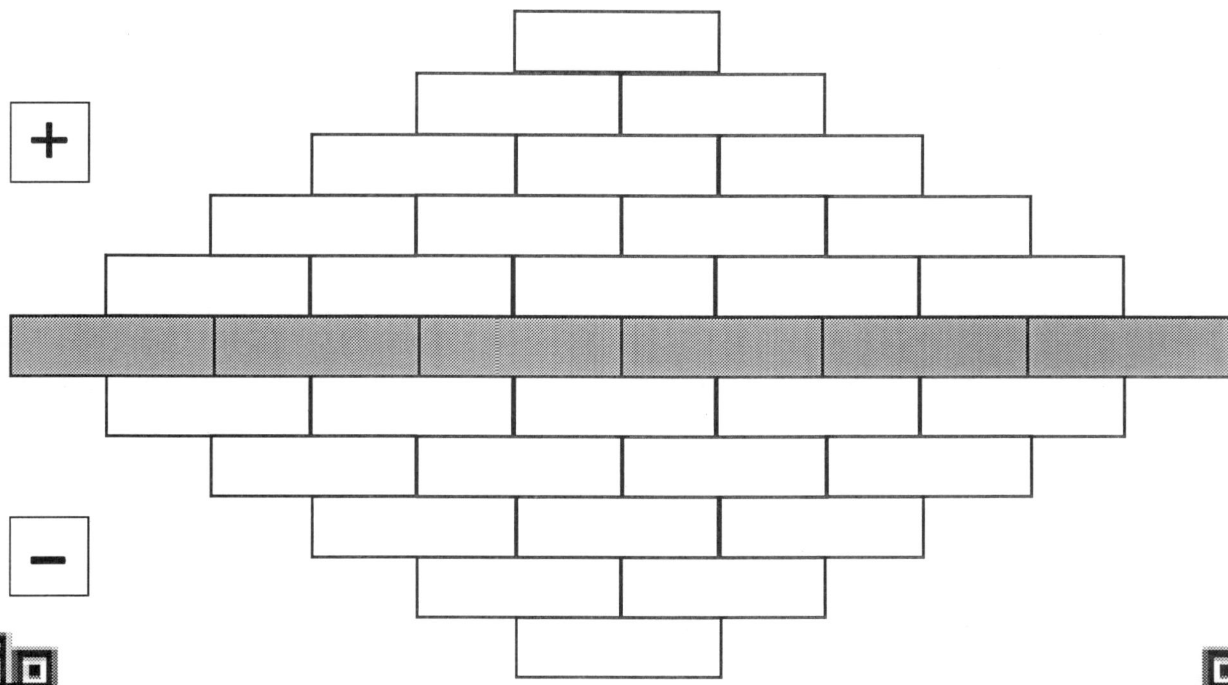

Würfelspiel - Schnuffi will zu seinem Freund Schriftliches Zusammenzählen oder schriftliches Abziehen

Wer von euch schafft es zuerst, Schnuffi mit dem Knochen zu seinem Freund in der Hütte zu bringen?

Legt die Ereigniskarten gemischt auf das dafür vorgesehene Feld.
Es wird der Reihe nach gewürfelt. Wer auf ein Smily-Feld kommt, darf drei Felder vorrücken. Wer auf ein Ereignisfeld kommt, bekommt die Aufgabe vorgelesen. Kann er die Aufgabe richtig ausrechnen, darf er fünf Felder vorrücken, ansonsten muss er stehenbleiben. Die Lösung steht in kleiner Schrift unten auf der Karte.

Wer zuerst bei der Hundehütte ist, hat gewonnen.

Information / Lösung

Material:
Zahlenturmvorlage, wasserlösliche Folienstifte für Schüler

Vorbereitung:
Vorlage auf Kartonpapier kopieren und folieren.
Die mittlere Reihe muss mit Zahlen beschriftet werden, Turm- und Kellerzahl können zur Lösungskontrolle (verdeckt) vorgegeben werden.

Didaktische Informationen:
Bei der Auswahl der Zahlen ist darauf zu achten, dass bis zur letzten Kellerreihe die vordere Zahl immer größer ist als die folgende Zahl, so dass ein problemloses Abziehen möglich ist.
Die Aufgabe wird erschwert, wenn Umkehroperationen mit einbezogen werden, d.h. die mittlere Reihe nur lückenhaft angegeben wird, dafür aber in der Reihe darüber oder darunter Zahlen angegeben werden.

Sozialform:
Arbeit an Stationen, Freiarbeit, (Partnerarbeit)

Beispiel:
mittlere Reihe: 583 / 327 / 213 / 159 / 123 / 102
Turmzahl: 6655 Kellerzahl: 1

Information / Lösung

Material:
Würfelspielvorlage „Schnuffi will zu seinem Freund" (S.47),
Ereigniskarten (S.83 bzw. S.84), Spielwürfel und Spielfiguren

Vorbereitung:
Würfelspielvorlage und Ereigniskarten werden auf Kartonpapier kopiert und foliert.
Die Ereigniskarten werden auseinander geschnitten.

Sozialform:
Partnerarbeit, Gruppenarbeit, Arbeit an Stationen, Freiarbeit

Kontrolle:
Die Schüler kontrollieren sich gegenseitig anhand der Lösung auf der Ereigniskarte.

Ereigniskarten zum Würfelspiel "Schnuffi will zu seinem Freund"
Schriftliches Zusammenzählen

17 197 + 38 189 ______ 55 386	19 908 + 47 477 ______ 67 385	55 033 + 37 666 ______ 92 699	66 123 + 22 277 ______ 88 400
44 545 + 65 432 ______ 109 977	55 493 + 33 289 ______ 88 782	44 444 + 27 272 ______ 71 716	76 555 + 17 333 ______ 93 888
12 987 + 34 567 ______ 47 554	16 456 + 16 456 ______ 32 912	18 993 + 39 899 ______ 58 892	16 777 + 77 666 ______ 94 443
64 553 + 44 009 ______ 108 562	22 333 + 33 289 ______ 55 622	66 161 + 11 289 ______ 77 450	26 288 + 28 888 ______ 55 176
66 293 + 47 389 ______ 113 682	38 493 + 37 019 ______ 75 512	52 263 + 47 289 ______ 99 552	55 473 + 27 609 ______ 83 082

Ereigniskarten zum Würfelspiel "Schnuffi will zu seinem Freund"
Schriftliches Abziehen

77 197 - 38 189 ______ 39 008	69 908 - 47 477 ______ 22 431	55 033 - 37 666 ______ 17 367	66 123 - 22 277 ______ 43 846
94 545 - 65 432 ______ 29 113	55 493 - 33 289 ______ 22 204	44 444 - 27 272 ______ 17 172	76 555 - 17 333 ______ 59 222
82 987 - 34 567 ______ 48 420	56 456 - 16 456 ______ 40 000	78 993 - 39 899 ______ 39 094	96 777 - 17 666 ______ 79 111
64 553 - 44 009 ______ 20 544	42 333 - 33 289 ______ 9 044	66 161 - 11 289 ______ 54 872	46 288 - 28 888 ______ 17 400
66 293 - 47 389 ______ 18 904	58 493 - 37 019 ______ 21 474	52 263 - 47 289 ______ 4 974	55 473 - 27 609 ______ 27 864

Zauberquadrat

Kannst du die Lücken so füllen, dass sich in allen Zeilen, allen Spalten und den beiden Diagonalen die gleiche Summe ergibt?

1			61	4	59	2	8
	10	54	53	52	11		9
	47	19	44	45	22	42	
25	34		28			39	32
40		30	36	37	27	26	33
41	18	43		20	46		48
16	50	14	12	13		55	
57	7			60	6	58	64

Tipp:
Suche die Reihe, die vollständig ist, und rechne dann mit der Reihe weiter, der die wenigsten Zahlen fehlen.

Zauberstreifen

Du brauchst sieben Streifen. Jeden Streifen darfst du genau einmal durchschneiden und neu zusammensetzen.

Schaffst du es die zerschnittenen und neu zusammengesetzten Streifen so aneinander zu legen, dass sie ein Zauberquadrat bilden, d.h. in allen Spalten, allen Zeilen und den beiden Diagonalen ergibt sich die gleiche Summe.

1	1	1	1	1	1	1
2	2	2	2	2	2	2
3	3	3	3	3	3	3
4	4	4	4	4	4	4
5	5	5	5	5	5	5
6	6	6	6	6	6	6
7	7	7	7	7	7	7

Information / Lösung

Material:
Magisches Quadrat,
wasserlöslicher Folienstift

Vorbereitung:
Vorlage auf Kartonpapier kopieren und folieren.

Sozialform:
Partnerarbeit, Gruppenarbeit,
Arbeit an Stationen, Freiarbeit

Kontrolle:
gleiche Summenzahl

Lösung:

1	63	62	61	4	59	2	8
56	10	54	53	52	11	15	9
24	47	19	44	45	22	42	17
25	34	35	28	29	38	39	32
40	31	30	36	37	27	26	33
41	18	43	21	20	46	23	48
16	50	14	12	13	51	55	49
57	7	3	5	60	6	58	64

Information / Lösung

Material:
Magische Streifen in großer Zahl um Ausprobieren zu ermöglichen

Vorbereitung:
Magische Streifen in großer Zahl kopieren (14 pro Schüler)

Sozialform:
Partnerarbeit, Gruppenarbeit,
Arbeit an Stationen, Freiarbeit

Kontrolle:
gleiche Summenzahl

Lösung:

1	3	5	7	2	4	6
2	4	6	1	3	5	7
3	5	7	2	4	6	1
4	6	1	3	5	7	2
5	7	2	4	6	1	3
6	1	3	5	7	2	4
7	2	4	6	1	3	5

Probebausteine

Seite 1

Zähle zusammen.

34 563	24 987	29 867	5 935	47 376
+ 46 897	+57 934	+60 543	+83 028	+28 603
______	______	______	______	______

Zähle zusammen.

44 523	24 187	39 567	4 995	67 316
40 321	75 432	4 983	74 321	987
+ 45 877	+ 27 914	+ 62 553	+ 77 028	+ 26 123
______	______	______	______	______

Schreibe die Aufgaben vollständig.

□4 □63	1□□□7	□9 □6□	□ 9□□	□□376
+ 5□ 8□7	+□5 93□	+2□ 5□3	+□3 028	+28 □□□
92 11□	87 321	74 329	74 □45	60 325

Schreibe untereinander und zähle zusammen.

16 457 + 9 463 = ______

36 921 + 965 = ______

8 572 + 43 912 = ______

4 028 + 37 293 = ______

Schreibe untereinander und zähle zusammen.

26 667 + 9 763 + 45 921 = ______

785 + 12 987 + 32 456 = ______

56 784 + 457 + 9 876 + 5 294 = ______

2 950 + 23 937 + 45 + 17 921 + 2 865 = ______

Probebausteine

Seite 2

Ziehe ab.

74 103	84 007	91 857	91 935	67 116
- 43 867	- 52 984	- 68 763	- 3 028	- 28 693
______	______	______	______	______

Löse die Aufgaben in einem Schritt.

74 523	84 227	50 127	84 995	67 316
3 391	15 482	4 933	24 621	987
- 4 887	- 22 984	- 35 553	- 27 628	- 26 123
______	______	______	______	______

Schreibe die Aufgaben vollständig.

□2 □63	8□□□7	□9 □6□	□□ 9□□	□□ 376
- 2□ 8□7	- □4 93□	- 2□ 1□3	- 4 028	- 38 □□□
12 11□	27 321	34 329	23 □45	20 325

Schreibe untereinander und nimm weg.

24 017 - 9 463 = ______

36 921 - 965 = ______

94 502 - 43 882 = ______

81 028 - 37 893 = ______

Löse die Aufgaben in einem Schritt.

94 667 - 43 777 - 45 921 = ______

88 785 - 2 987 - 30 776 = ______

76 114 - 32 457 - 9 876 - 15 294 = ______

92 119 - 23 937 - 45 - 27 981 - 2 777 = ______

Probebausteine
Seite 3

Zahlenrätsel
Wie heißt die Summe der Zahlen 34 324 und 78 189?

Zahlenrätsel
Addiere die Zahlen 34 576, 84 572 und 90 123.

Zahlenrätsel
Die erste Zahl ist 23 975. Die Summe heißt 80 435.
Wie heißt die zweite Zahl?

Zahlenrätsel
Subtrahiere von der Zahl 71 294 die Zahl 29 869.

Zahlenrätsel
Bilde die Differenz der Zahlen 56 012 und 29 876.

Zahlenrätsel
Wenn du von meiner Zahl 22 334 abziehst, erhältst du die Summe aus 88 990 und 66 778.

Zahlenrätsel
Wenn du zu meiner Zahl 45 678 dazuzählst, erhältst du die Differenz aus den Zahlen 134 768 und 28 912.

Zahlenrätsel
Subtrahiere von der Summe der Zahlen 23 786 und 45 203 die Differenz der Zahlen 43 201 und 39 012.

Probebausteine

Seite 4

Notiere die Frage, alle Rechnungen und die Antwort.

Das Versandhaus Huber hatte zu Jahresbeginn 53 400 Paketkartons vorrätig. In der ersten Jahreshälfte wurden 14 287 Pakete verschickt, in der zweiten Jahreshälfte waren es 5 369 Kartons mehr.

F: ______________________________

R:

A: ______________________________

Notiere die Frage, alle Rechnungen und die Antwort.

Der Neubau eines Doppelhauses war mit 375 000 Euro veranschlagt. Die Grundstückskosten beliefen sich auf 66 975 Euro, die Baukosten betrugen 294 083 Euro, die Nebenkosten waren 21 899 Euro.

F: ______________________________

R:

A: ______________________________

Probebausteine

Seite 5

Notiere die Frage, alle Rechnungen und die Antwort.

Frau Grebe kauft 3 Dosen Milch, das Stück zu 48 Cent, 2 Kilo Mehl, das Kilo zu 97 Cent , und 15 Semmeln, wobei eine Tüte mit 5 Semmeln 95 Cent kostet. Frau Grebe zahlt mit 10 Euro.

F: ______________________________

R:

A: ______________________________

Notiere alle Rechnungen und die Antwort.

Im Münchner Olympiastadion bezahlten 16 867 Zuschauer an Kasse 1 ihren Eintritt, 7 685 Zuschauer an Kasse 2, 8 452 an Kasse 3, 9 023 an Kasse 4 und 8 745 an Kasse 5. Wie viele Zuschauer zahlten insgesamt an den Kassen Eintritt? Überschlage zuerst.

R:

A: ______________________________

Probebausteine-Lösung

Seite 1

Zähle zusammen.
81 460 / 82 921 / 90 410 / 88 963 / 75 979

Zähle zusammen.
130 721 / 127 533 / 107 103 / 156 344 / 94 426

Schreibe die Aufgaben vollständig.

34 263	**11 387**	**49 766**	**1 917**	**31** 376
+ 57 **847**	+75 93**4**	+**24** 56**3**	+73 028	+28 **949**
92 11**0**	87 321	74 329	74 **945**	60 325

Schreibe untereinander und zähle zusammen.
25 920 / 52 484 37 886 / 41 321

Schreibe untereinander und zähle zusammen.
82 351 / 46 228 / 72 411 / 47 718

Seite 2

Ziehe ab.
30 236 / 31 023 / 23 094 / 88 907 / 38 423

Löse die Aufgaben in einem Schritt.
66 245 / 45 761 / 9 641 / 32 746 / 40 206

Schreibe die Aufgaben vollständig.

32 **9**63	82 **257**	**59 462**	**27** 973	**58** 376
- **20** 847	- **54** 93**6**	- **25** 133	- 4 028	- 38 **051**
12 11**6**	27 321	34 329	23 **945**	20 325

Schreibe untereinander und nimm weg.
14 554 / 50 620 35 956 / 43 135

Probebausteine-Lösung

Seite 2

Löse die Aufgaben in einem Schritt.

4 969 / 55 022 / 18 487 / 37 379

Seite 3

Zahlenrätsel

34 324 + 78 189 = **112 513**

---

34 576 + 84 572 + 90 123 = **209 271**

---

80 435 - 23 975 = **56 460**

---

71 294 - 29 869 = **41 425**

---

56 012 - 29 876 = **26 136**

□ - 22 334 = 88 990 + 66 778

□ - 22 334 = 155 768

□ = 22 334 + 155 768 = **178 102**

□ + 45 678 = 134 768 - 28 912

□ + 45 678 = 105 856

□ = 105 856 - 45 678 = **60 178**

---

23 786 + 45 203 - (43 201 - 39 012) = 68 989 - 4 189 = **64 800**

Probebausteine-Lösung

Seite 4

F: Wie viele Paketkartons hat sie noch?

R: 14 287 + 14 287 + 5 369 = 33 943
53 400 - 33 943 = 19 457

A: Es waren noch 19 457 Paketkartons.

F: Wie weit weichen die tatsächlichen Kosten vom Kostenvoranschlag ab?

R: 66 975 + 294 083 + 21 899 = 382 957
382 957 - 375 000 = 7 957 Euro

A: Die Kosten betrugen um 7 957 Euro mehr.

Seite 5

F: Wie viel bekommt sie zurück?

R: 48 + 48 + 48 = 144 Cent
97 + 97 = 194 Cent
95 + 95 + 95 = 285 Cent
144 + 194 + 285 = 623 Cent
1000 - 623 = 377 Cent = 3,77 Euro

A: Sie bekommt 3,77 Euro zurück.

F: Wie viele Eintrittskarten wurden gelöst?

R: Überschlag:
17 000 + 8 000 + 8 000 + 9 000 + 9 000 = 51 000
Exakte Rechnung:
16 867 + 7 685 + 8 452 + 9 023 + 8 745 = 50 772

A: 50 772 Leute besuchten das Olympiastadion.

Themenbereich:
Geometrie

Die Schüler erweitern im handelnden Umgang mit geometrischen Grundformen ihre geometrische Formenkenntnis und ihr räumliches Vorstellungsvermögen.
Im Hinblick auf symmetrische Abbildungen werden achsensymmetrische Figuren und Bilder untersucht und wird das bisherige Wissen ausgedehnt auf Verschiebungen und Drehsymmetrien.
Durch Herstellen und Untersuchen unterschiedlicher Quader- bzw. Würfelmodelle (Sonderform des Quaders) erfahren die Schüler wichtige Eigenschaften und Beziehungen der Körper bzw. ihre Abwicklungen in die Ebene (Quadernetze).

Weitere kopfgeometrische Übungen in anregender Gestaltung sind enthalten in der Kartei

„Mit viel Spaß fit im Kopfrechnen" (4.Jgst.)
(gleicher Verlag und Autor)

z.B. symmetrisches Adlerauge, Tiere anno dazumal, Zauberdreh

Weitere Arbeitsblätter zu diesem Themenbereich finden sich im Kopierheft mit Pfiff

Geometrische Grunderfahrung (3./4. Jgst.)
(gleicher Verlag und Autor).

Dabei sind für die vierte Jahrgangsstufe besonders folgende Arbeitsblätter geeignet:
Würfelnetz und Quadernetz: Arbeitsblätter S.27 und 29
Orientierung im Gitternetz: „Überraschung im Gitternetz" S.33
Achsensymmetrie: Arbeitsblätter S.37 bis 46 „Was spiegelt sich da im Wasser?", „Für Meisterspiegler", „Clown Mirakulus", „Ententreffen am See" und „Spiegeldomino".
Verschiebung: „Musterhaftes Verschieben" S.49, „Jagd nach dem Schatz" S.53
Drehung: „Drehkünstler" S. 55, „Mosaik" S.57, „Drehquartett" S.59
Verknüpfung der symmetrischen Abbildungen: „Muster aus der Zauberkiste" S.61

Lehrbereich / Thema

Symmetrie / Spiegelbildliche Abbildungen

Didaktischer Verlauf / Lernziele

Warmrechnen:

- Symmetrisches Adlerauge (Kopfrechnenkartei 4 / Karte 12) - Zuordnung von Bild und Spiegelbild
- Herausfinden von deckungsgleichen Figuren (vergl. warming-up-Folie)
- Fehlersuche: Clownbild (vergl. warming-up-Folie)

Hauptteil:

Problemstellung: Bild eines halbfertigen Clowns (Malbuchvorlage s.h.) - Tim möchte den Clown spiegelbildlich ergänzen

Problemlösung:

<u>1) Experimentierphase in GA:</u>

In der Gruppenbox enthalten sind:

Pauspapier, Styropor, Nadel und Schere
sowie Vorlagen des halbfertigen Clowns in ausreichender Zahl

Schüler experimentieren, anschl. Verbalisierung des Tuns,
Vorzeigen der Möglichkeiten mit großformatiger Vorlage an TA / Fixierung an TA

<u>2) Kästchenmethode:</u>

L: In Tims Malbuch war der Clown auf Kästchen gezeichnet.
Damit ergibt sich eine neue Möglichkeit, den Clown spiegelbildlich zu ergänzen.
Verbalisierung: Alle Punkte sind von der Achse gleich weit entfernt. Durch Auszählen der Kästchen kann man die Spiegeleckpunkte finden und anschließend verbinden.

Zusammenfassung: Wdhg. der verschiedenen Möglichkeiten

Anwendung: AB: „Ergänze spiegelbildlich“

Sicherung: Merkeintrag (s.TA)

Tafelbild / Folie

<u>*Wie bekommt Tim die zweite Hälfte des Clowns?*</u>

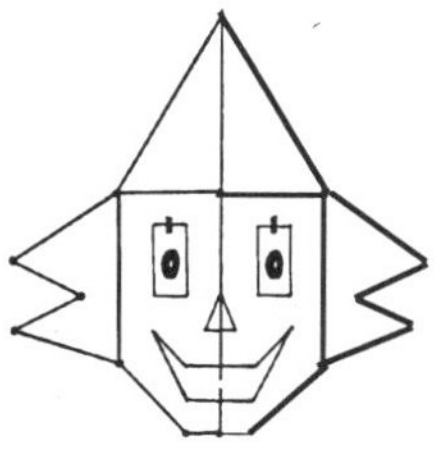

falten + schneiden

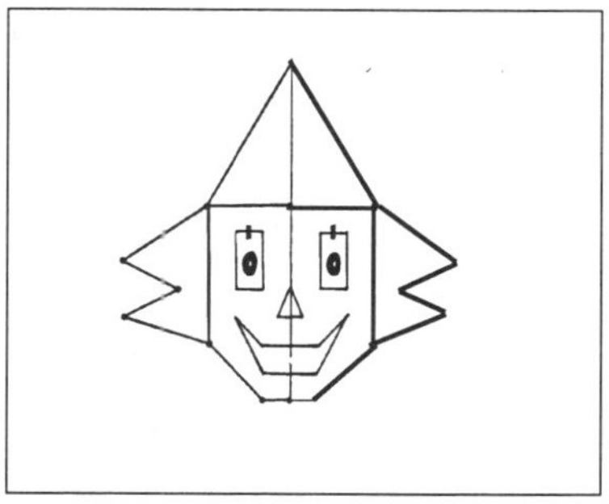

falten + pausen (Pauspapier)

falten + stechen + verbinden (Styroporunterlage)

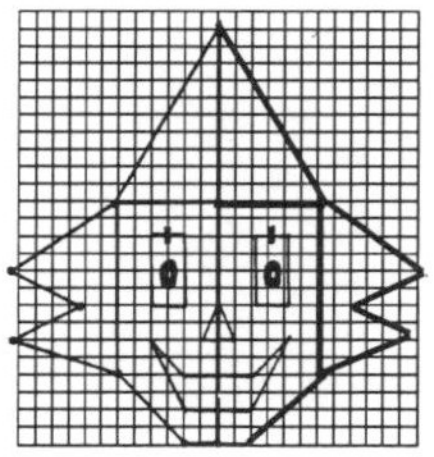

Kästchen zählen

Kopfgeometrie (warming-up-Folie)

Welche Figuren sind deckungsgleich?

Dem Zeichner sind sechs grobe Fehler passiert. Findest du sie?

Kopfgeometrie (warming-up-Lösungsfolie)

Welche Figuren sind deckungsgleich?

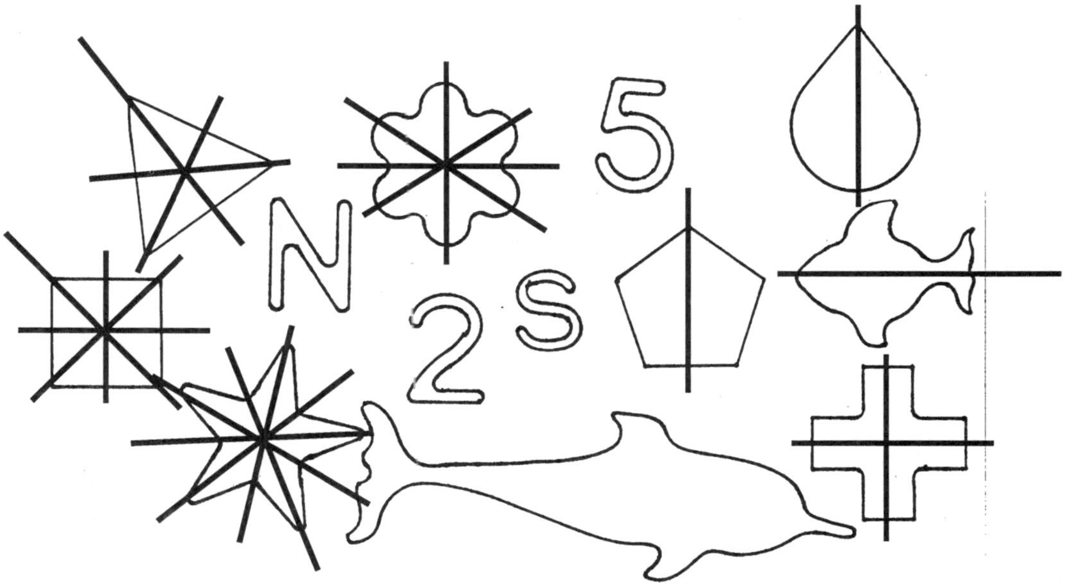

Dem Zeichner sind sechs grobe Fehler passiert. Findest du sie?

Experimentiervorlage:
Clown

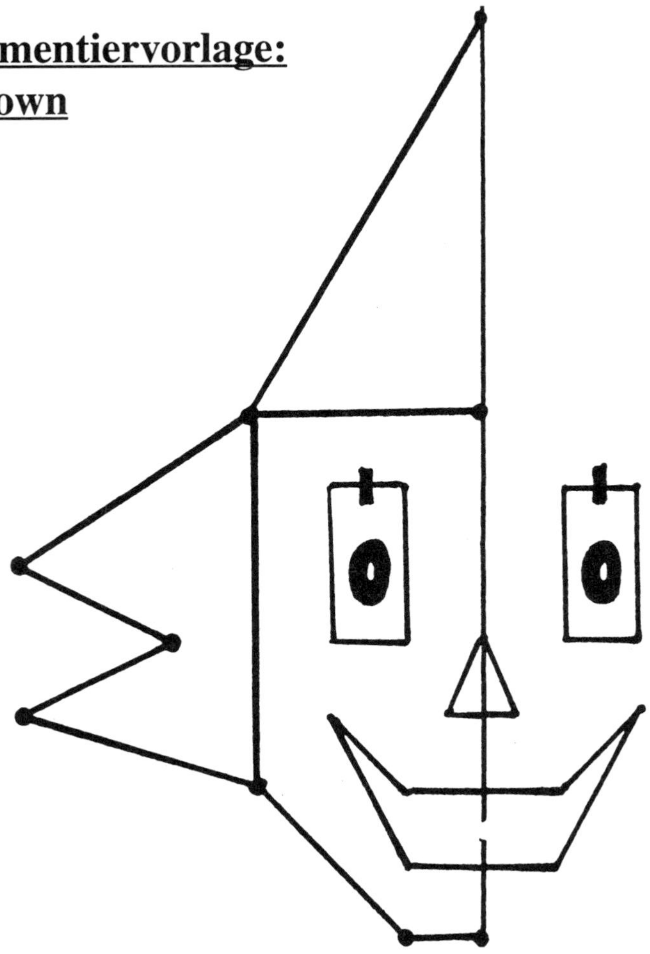

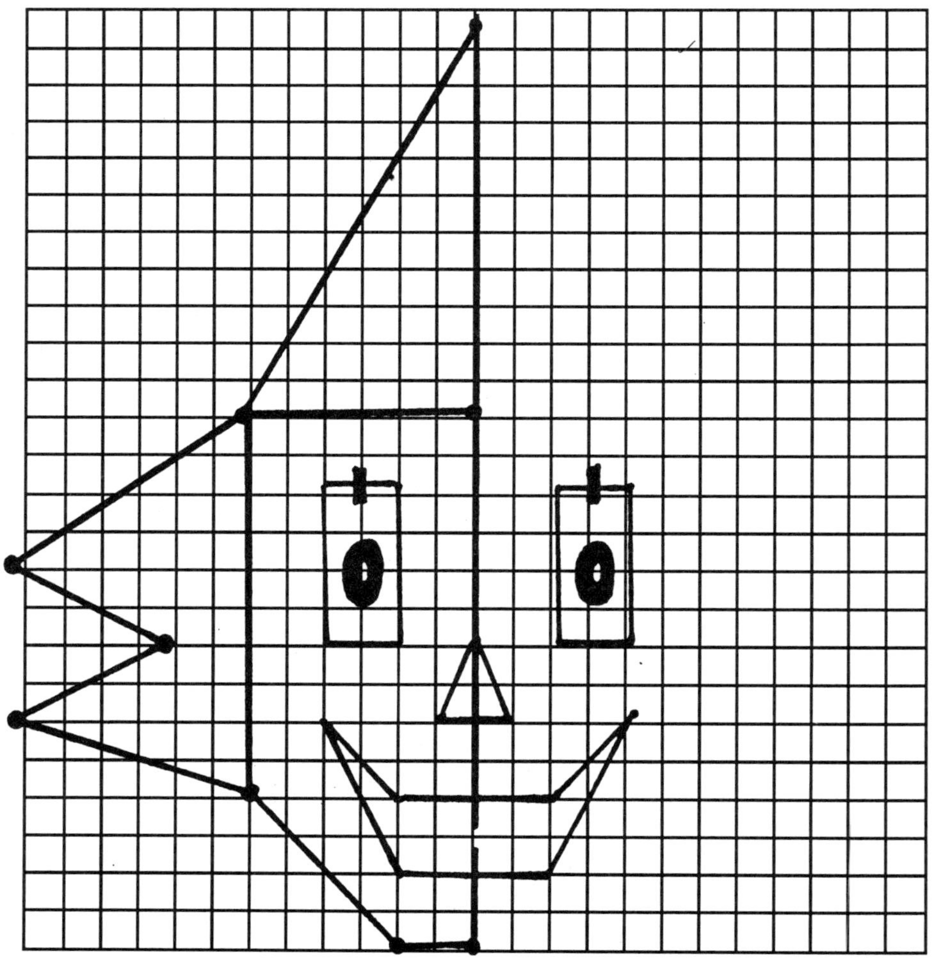

Mathematik		

Ergänze spiegelbildlich

1) Zeichne die rechte Hälfte.

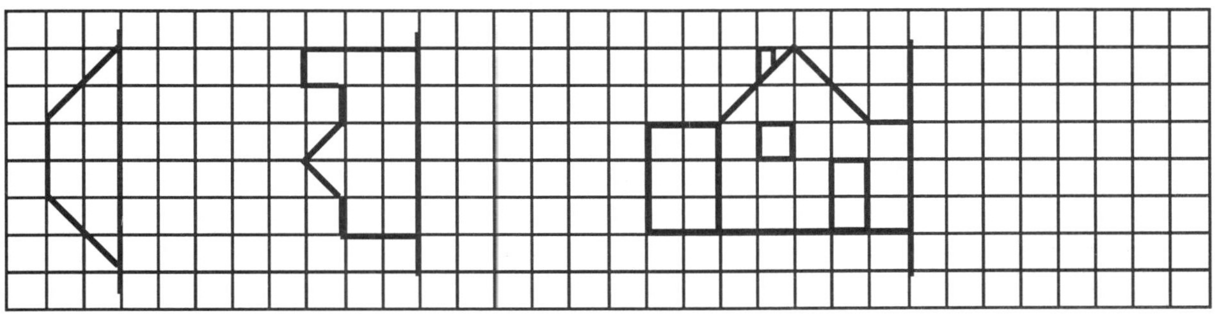

2) Die Häuser spiegeln sich im Wasser. Zeichne das Spiegelbild.

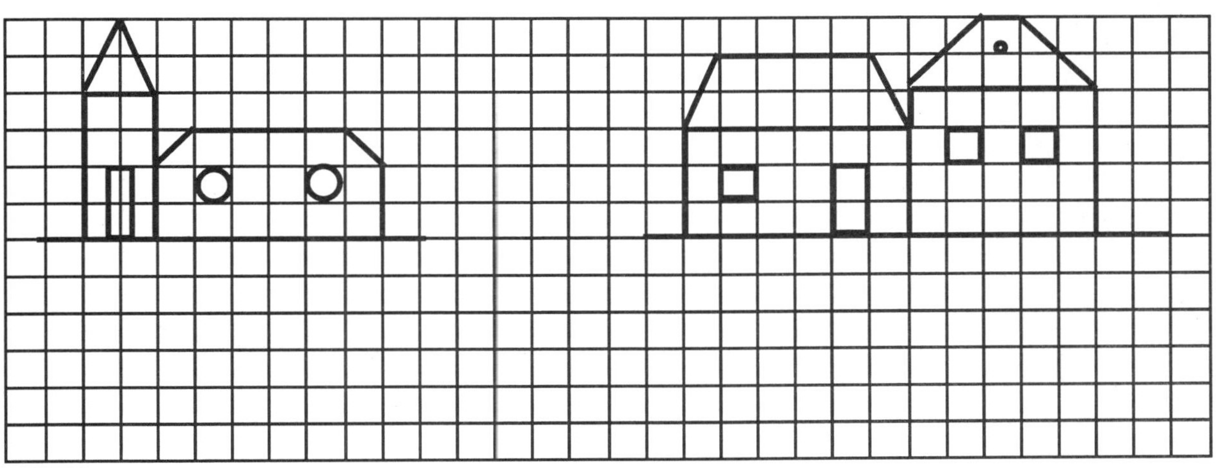

3) Nun wird es schwierig.

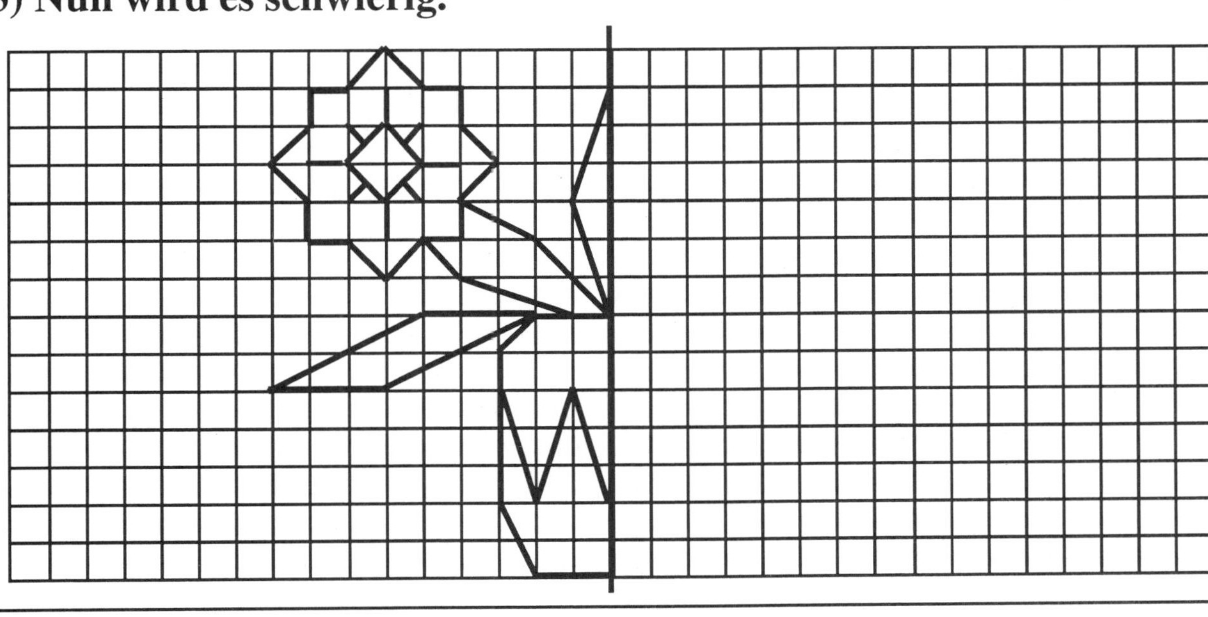

Mathematik		

Ergänze spiegelbildlich

1) Zeichne die rechte Hälfte.

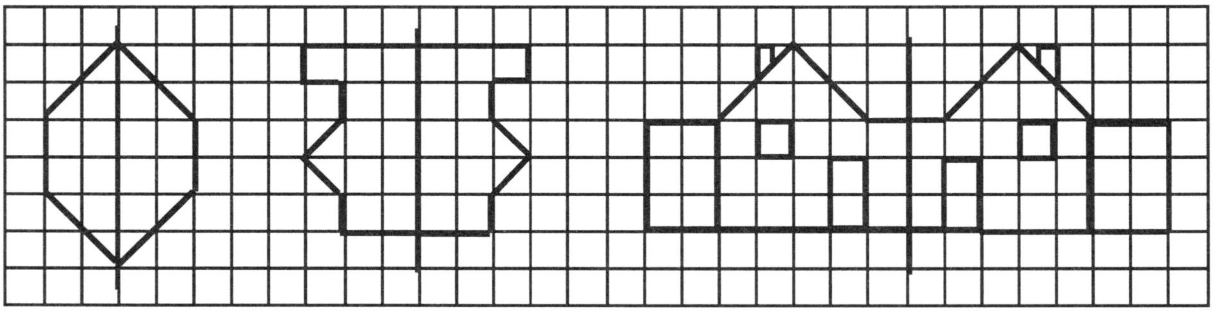

2) Die Häuser spiegeln sich im Wasser. Zeichne das Spiegelbild.

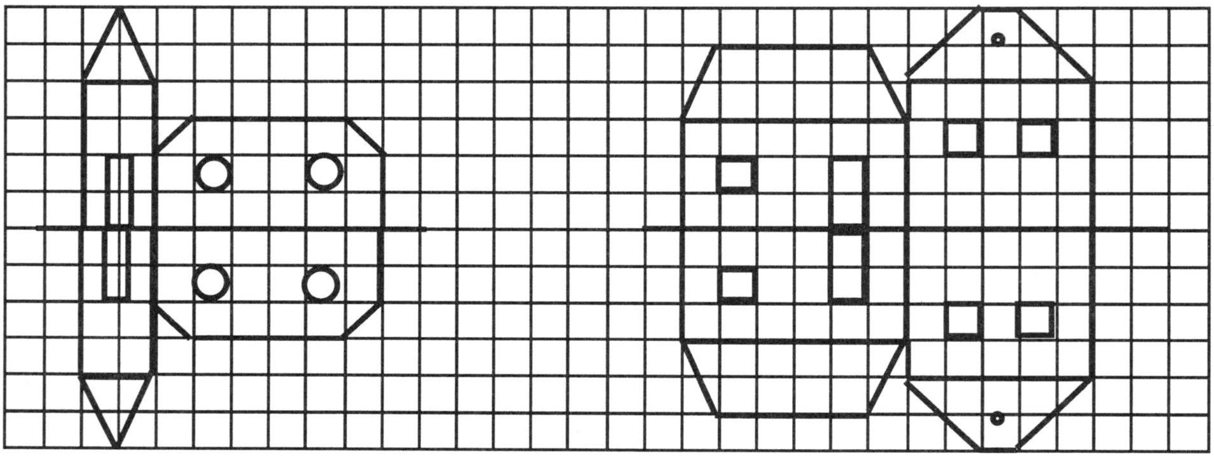

3) Nun wird es schwierig.

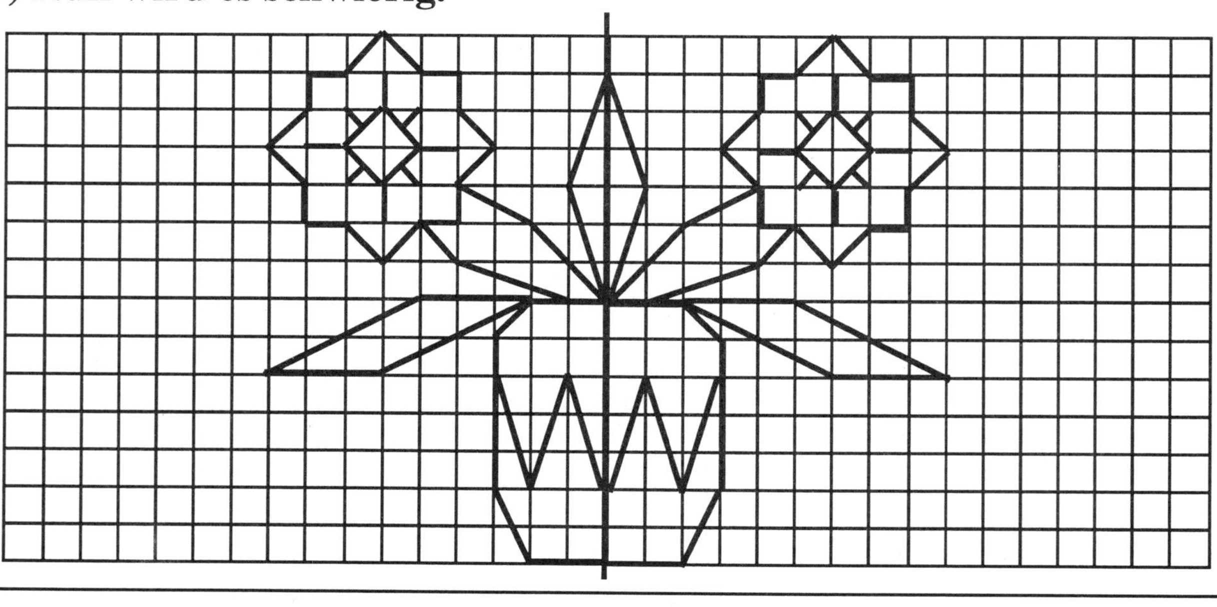

Lehrbereich / Thema

Symmetrie / Die Verschiebung

Didaktischer Verlauf / Lernziele

Warmrechnen:

- Symmetrisches Adlerauge (Kopfrechnenkartei 4 / Karte 12) - Zuordnung von Bild und Spiegelbild
- Tiere anno dazumal (Kopfrechnenkartei 4 / Karte 13) - Flächenformen bestimmen
- evtl. Fehlersuche bei einem spiegelbildl. Bild

Hauptteil:

Problemstellung:

Bild: ungleichmäßige Musterstreifen

L:Vroni möchte ihre Sammelmappe mit einem Muster verzieren, doch es wird nie gleichmäßig. Da hat sie eine Idee.

Problemlösung:

Schülervorschläge, evtl. stummer Hilfsimp.: Musterausgangsfigur als Pappschablone (s.TA)

Zielangabe: Wir zeichnen Muster durch Verschieben einer Figur

enaktives Vorgehen: Jedes Kind erhält eine Schablone und zeichnet damit ein Muster

Auswertung: Nicht alle haben das gleiche Muster

Erkenntnis: Das gleiche Muster erhält man nur, wenn man sich an eine Verschiebevorschrift hält. Sie muss Angaben zur Verschieberichtung und Verschiebelänge enthalten (TA).

Anwendung:
- Zeichnen eines Musters mit der gleichen Schablone aber nach Vorschrift
- Angabe der Verschiebevorschrift zu ähnlichen Mustern auf der Folie (s.h.) bzw. zu den zu Beginn der Stunde von den Schülern gezeichneten Mustern

Übung: AB: „Wir zeichnen Muster durch Verschieben"

Sicherung: Merkeintrag (s.TA)

Tafelbild / Folie

Wir verschieben Figuren

Wir zeichnen Muster:

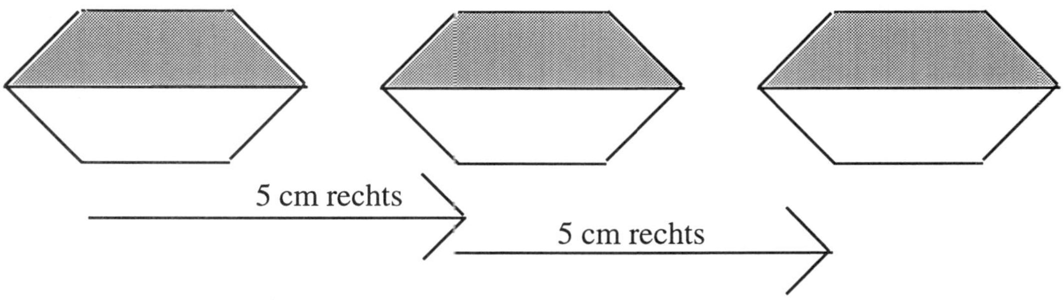

Die **Verschiebevorschrift** gibt an:

1) die Verschieberichtung:
   nach rechts (r), links (l), oben (o) oder unten (u)
2) die Verschiebelänge: z.B. um 4 Kästchen, um 3 cm ...

Kopfgeometrie

Ein Tier aus Flächen

Verschiedene Muster:

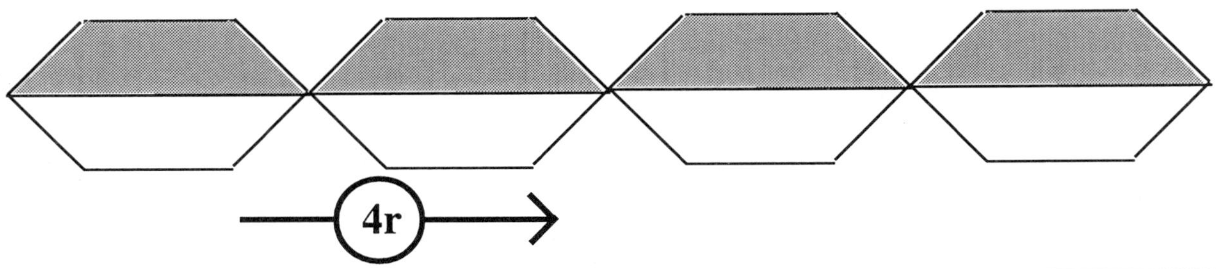

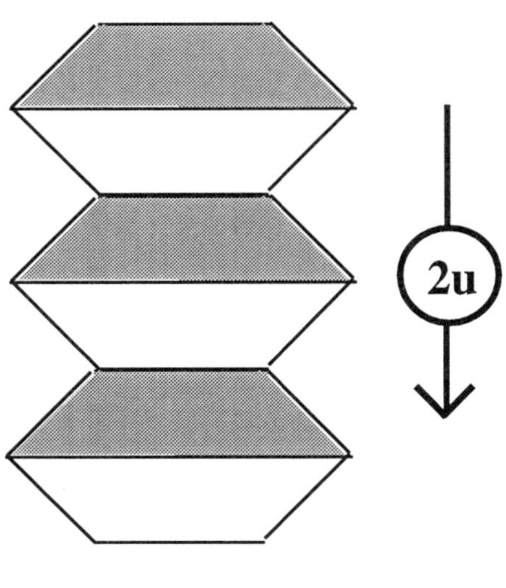

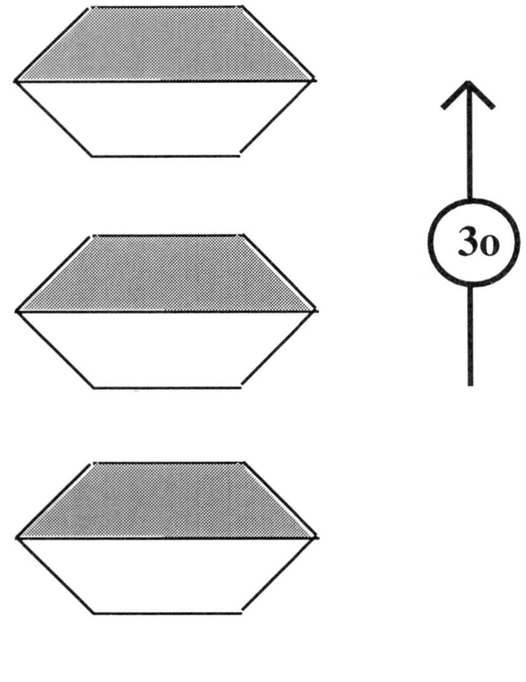

Mathematik		

Wir zeichnen Muster durch Verschieben

1) Verschiebe nach der Vorschrift --(6r)--> (in Kästchen).

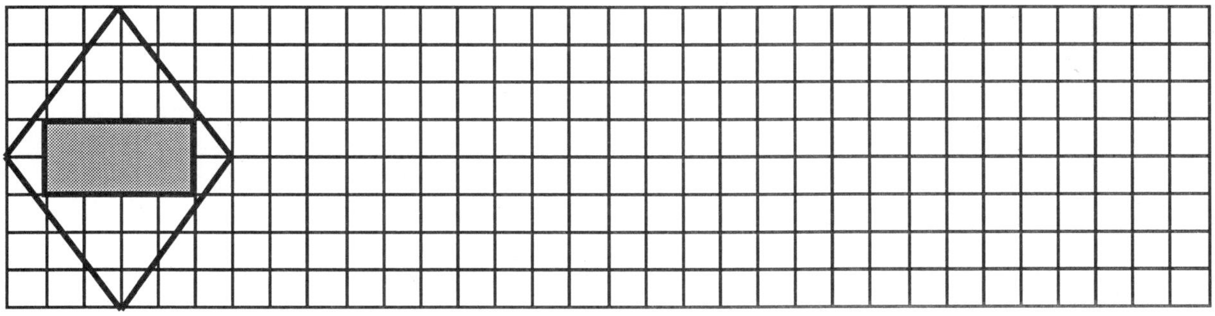

2) Wie heißt jeweils die Verschiebevorschrift (in Kästchen)?

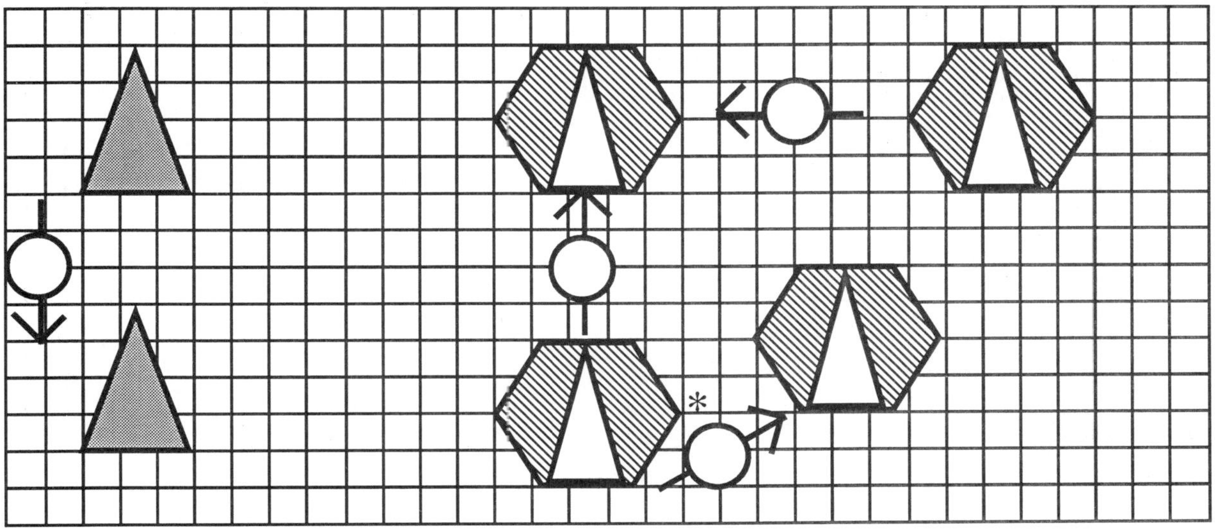

3) Wo liegt jeweils die verschobene Figur? Zeichne sie ein.

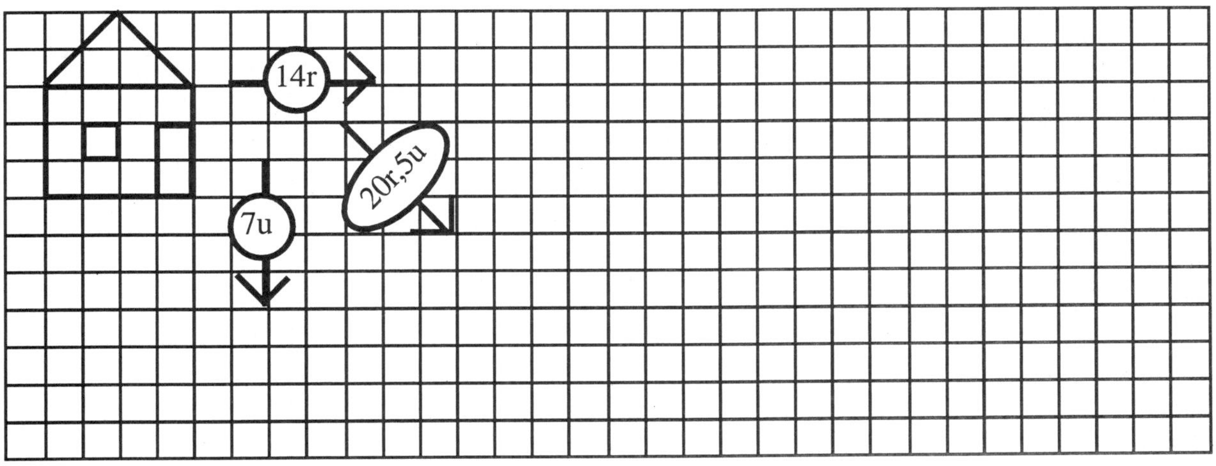

Wir zeichnen Muster durch Verschieben

1) Verschiebe nach der Vorschrift 6r **(in Kästchen).**

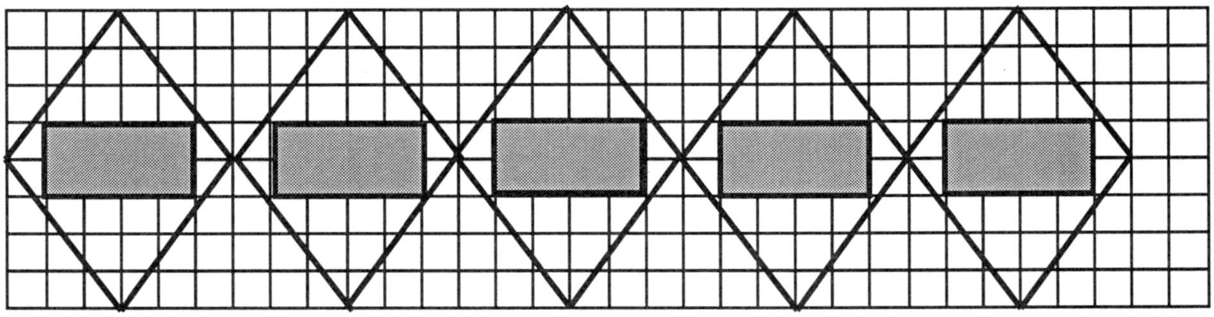

2) Wie heißt jeweils die Verschiebevorschrift (in Kästchen)?

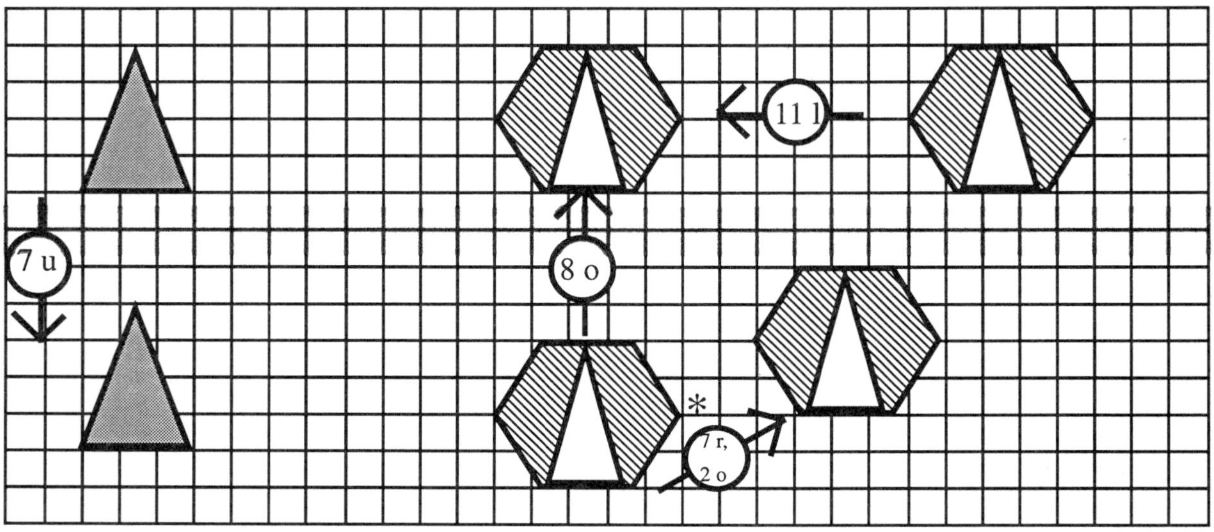

3) Wo liegt jeweils die verschobene Figur? Zeichne sie ein.

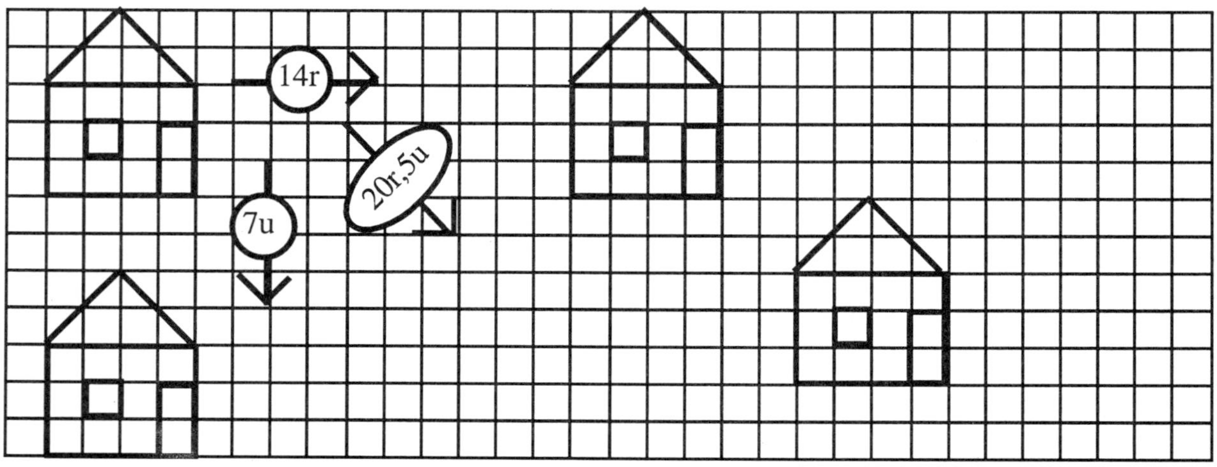

Lehrbereich / Thema

Symmetrie / Die Drehung

Didaktischer Verlauf / Lernziele

Warmrechnen:

☟ Wdhg. der Verschiebung, Verschiebevorschriften finden

Erkenntniserweiter.: Bei einer Verschiebung ändert die Figur nur ihre Lage, nicht ihr Aussehen

für nachfolgende Übungsstunden:

☟ Zauberdreh (Kopfrechnenkartei 4 / Karte 18) - Drehvorschrift finden

Hauptteil:

Problemstellung: Bild: Muster (s.TA)

L:Vroni hat ein neues Muster entdeckt, doch wie sie die Ausgangsfigur auch verschiebt, sie kommt nicht auf das Muster.

Problemlösung:

Schülervorschläge

Zielangabe: Wir zeichnen Muster durch Drehen einer Figur

enaktive Lösung: Musterausgangsfigur als Pappschablone (s.TA), Nadel pro Schüler/Gruppe

Schülerversuche

Auswertung: Verbalisierung: Vroni erhält das Muster durch Drehung der Ausgangsfigur.

L-Demonstration mit Großschablone an Seiten-TA(vergl. S. 108 unten):

Verschiedene Drehungen unter Änderung von Drehrichtung, Drehumfang und Drehpunkt

Erkenntnis: Das gleiche Muster erhält man nur, wenn man sich an eine Drehvorschrift hält.
Sie muss Angaben zu Drehrichtung, Drehumfang und Drehpunkt enthalten (TA)

Erläuterung der Schreibweise an TA

Anwendung: - Zeichnen eines Musters mit der gleichen Schablone aber nach Vorschrift
- Angabe der Drehvorschrift zu ähnl. Mustern (Seiten-TA,vergl. S. 108 unten)

Übung: AB: „Wir drehen Figuren"

Sicherung: Merkeintrag (s.TA)

Tafelbild / Folie

Wir drehen Figuren

Wir zeichnen Muster:

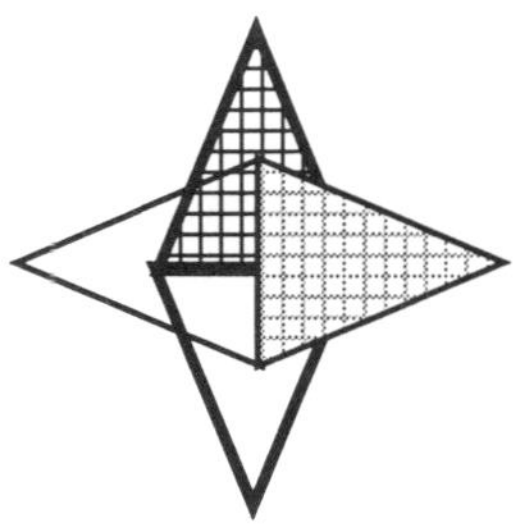

Die **Drehvorschrift** enthält:

1) die Drehrichtung:
nach rechts (r) oder nach links (l)

2) den Drehumfang: $\frac{1}{4}$-Drehung, $\frac{1}{2}$-Drehung, $\frac{3}{4}$-Drehung, ganze Drehung
(1/4-Drehung nach links ≙ 3/4-Drehung nach rechts)

3) den Drehpunkt

Kopfgeometrie

Wie lautet die Verschiebevorschrift (in Kästchen)?

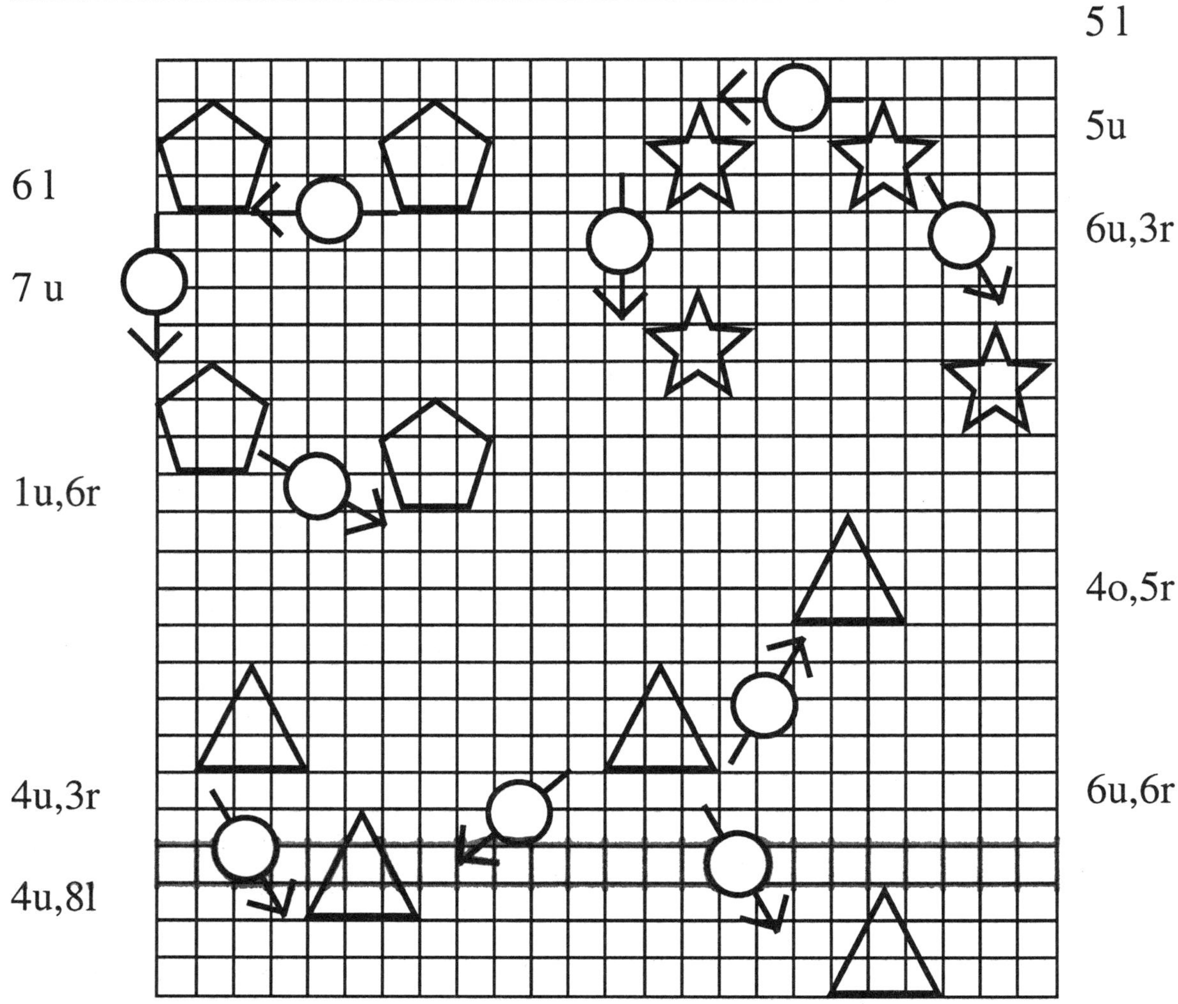

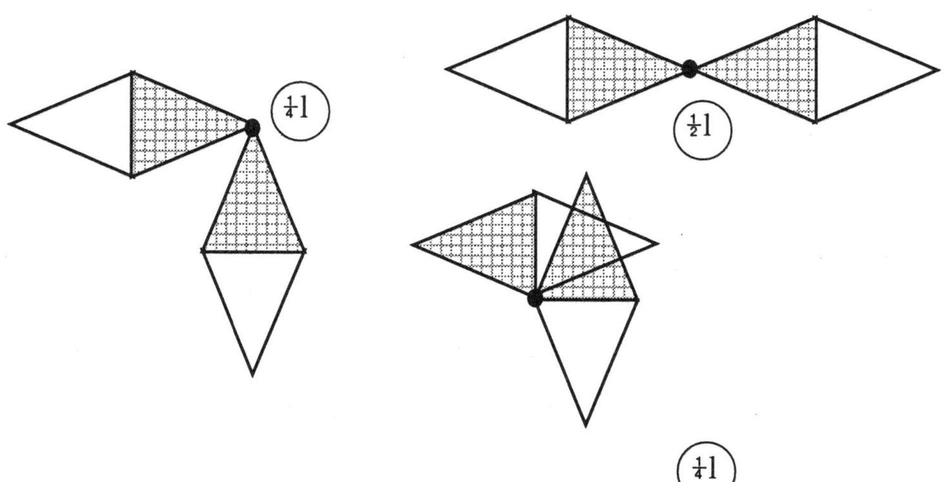

Beispiele für verschiedene Drehungen (Seitentafel)

Mathematik		

Wir drehen Figuren

**1) Gib die Drehrichtung und den Drehumfang an.
Es gibt zwei Möglichkeiten.**

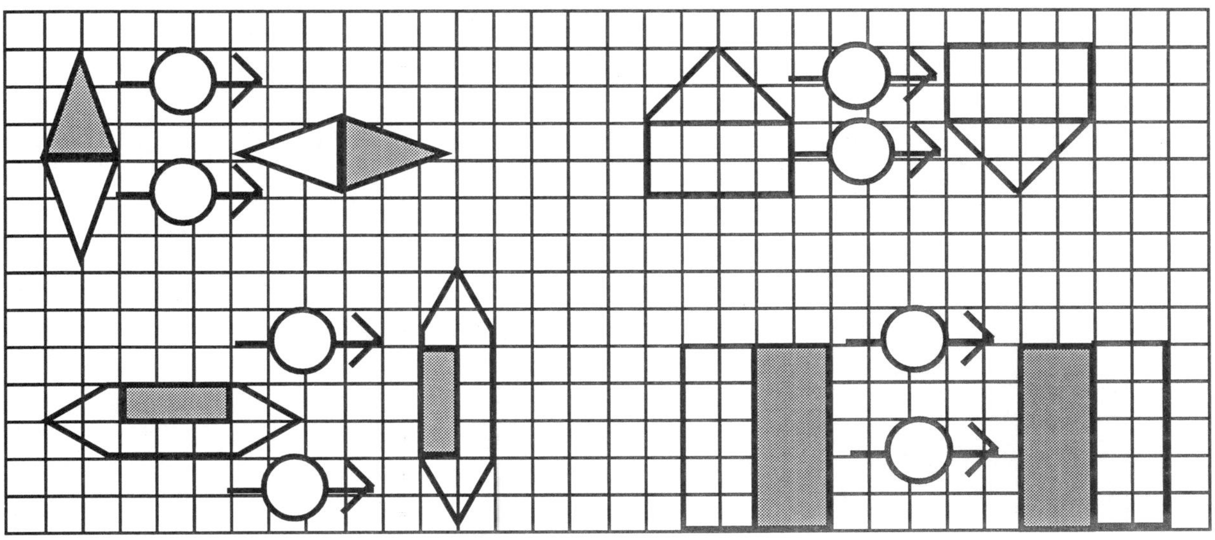

2) Drehe jeweils die Ausgangsfigur nach Vorschrift und zeichne sie.

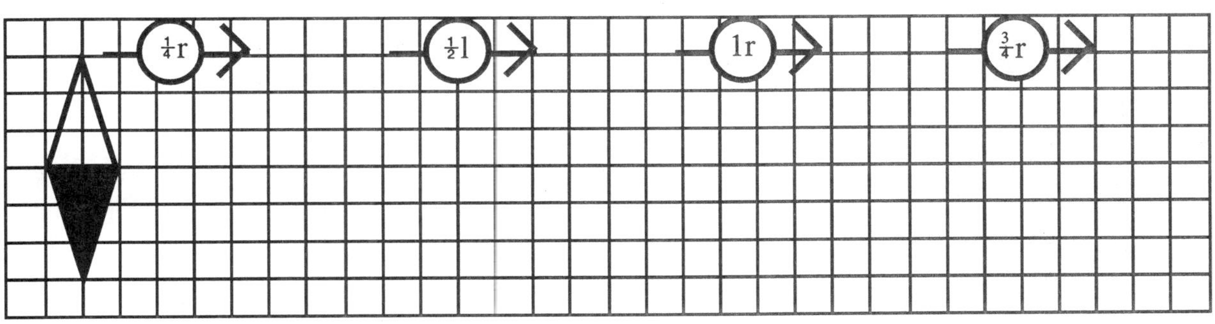

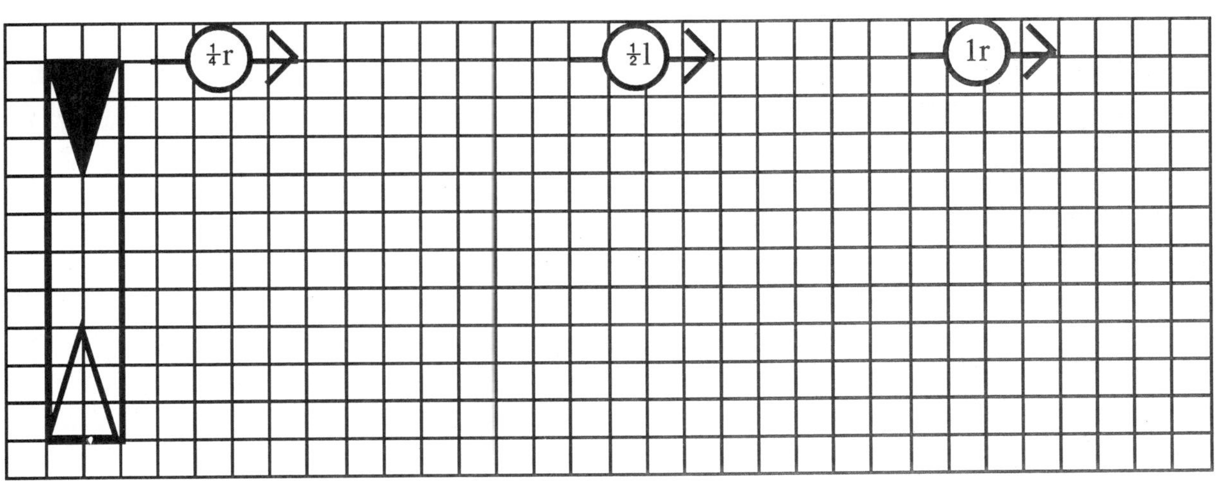

Wir drehen Figuren

**1) Gib die Drehrichtung und den Drehumfang an.
Es gibt zwei Möglichkeiten.**

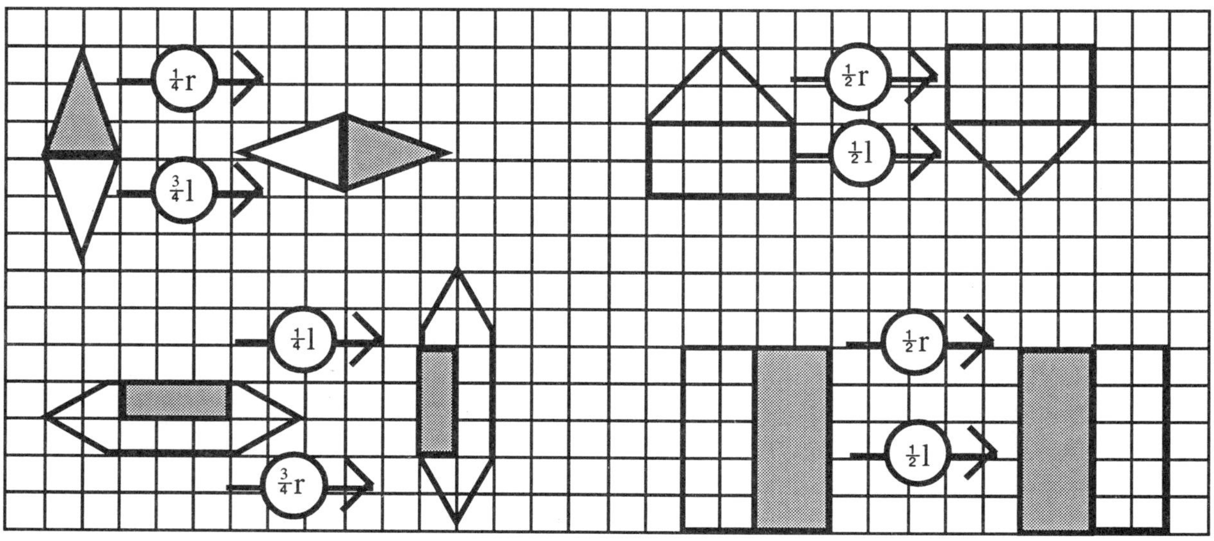

2) Drehe jeweils die Ausgangsfigur nach Vorschrift und zeichne sie.

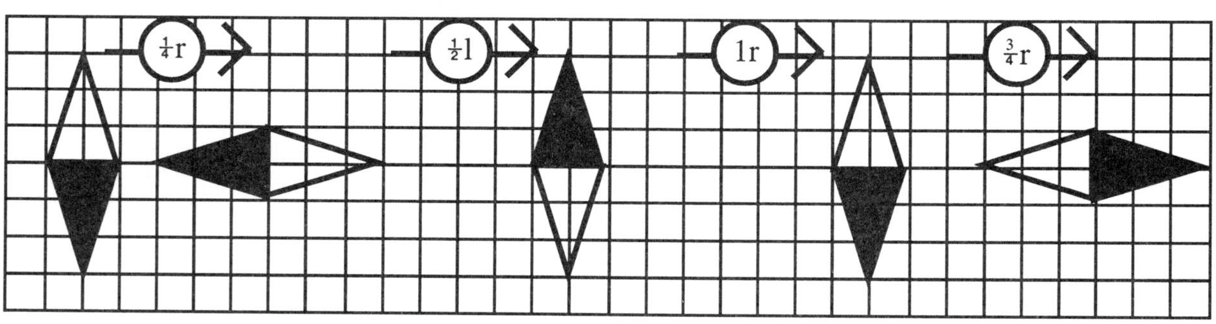

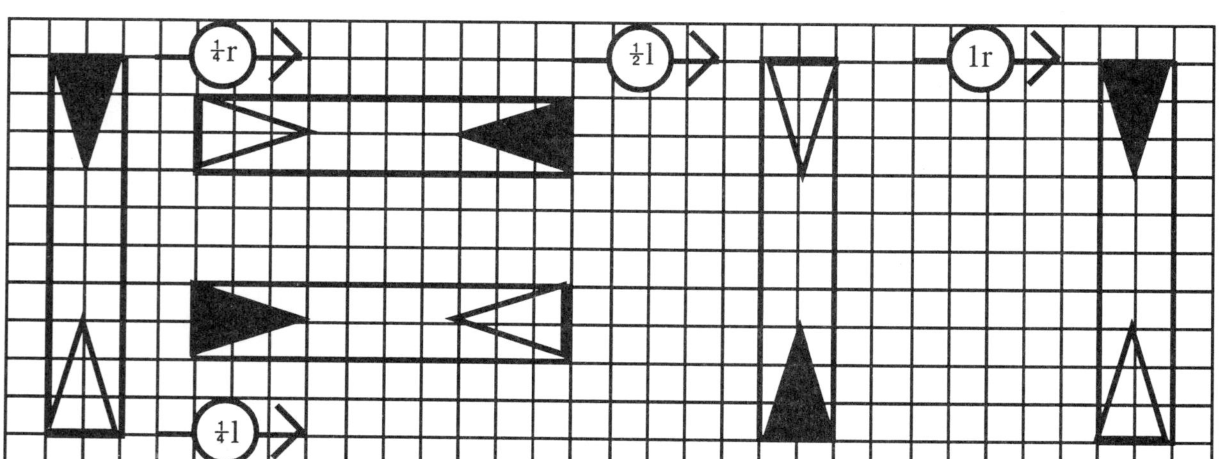

Lehrbereich / Thema

Das Würfelnetz

Didaktischer Verlauf / Lernziele

Warmrechnen:

- Tiere anno dazumal (Kopfrechnenkartei 4 / Karte 13) -
  Aus Flächen zusammengesetzte Tiergestalten - Flächen werden benannt
- Wiederholung der Eigenschaften eines Würfels (Kanten, Ecken, Flächen)

Einstieg/Motivation: Bild eines Würfelnetzes: Schülervermutungen, Sammlung von Vorwissen

Zielangabe: Das Würfelnetz

Hauptteil:

<u>Erstellen eines Würfelnetzes</u>

1) durch Zerschneiden des Würfels entlang seiner Kanten

Würfel aus Karton von Schülern an den Kanten aufschneiden lassen

Erkenntnis: sauberes, gerades Schneiden notwendig; keine Fläche darf abgeschnitten werden

2) durch Abrollen des Würfels

GA: etwas größerer Würfel mit nicht abgerundeten Ecken, Versuchsphase

Erkenntnis: zusammenhängend abrollen; jede Fläche einmal; genaues Nachfahren der Kanten; die in der GA gefundenen Netze werden an der Seitentafel angebracht und verglichen

<u>Netze erproben</u>

Ausschneiden des Netzes und Falten an den Kanten führt zum Würfel

Vertiefung:

EA: kleinen Holzwürfel mit nicht abgerundeten Ecken abrollen, Netz ausschneiden und falten; auf Overheadprojektor legen und vergleichen

Zusammenfassung:

Es gibt verschiedene Netze, alle aber bestehen aus 6 gleich großen quadratischen Flächen; Begriff: Flächenmodell

Sicherung: AB: Das Würfelnetz / Merkeintrag

Tafelbild / Folie

<u>*Das Netz eines Würfels*</u>

Das Netz eines Würfels bekommt man durch

* **<u>Zerschneiden</u>** entlang der Kanten oder
* **<u>Abrollen</u>** des Würfels auf Papier und Nachfahren der Flächen

<u>Verschiedene Netze:</u>

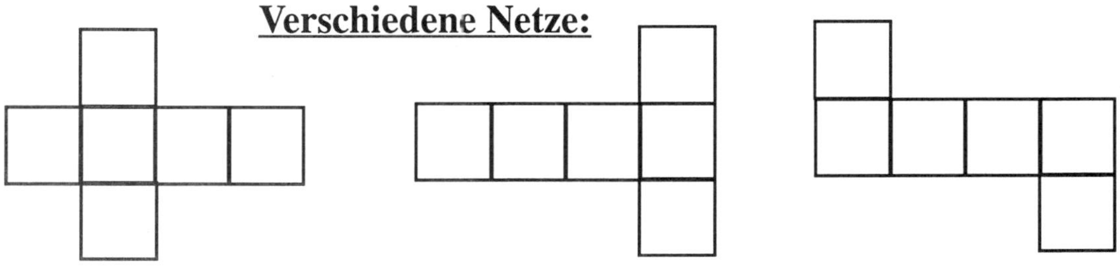

Das Netz zeigt uns die **<u>Flächen</u>** des Würfels **<u>(Flächenmodell).</u>**

Jeder Würfel hat **<u>sechs gleich große, quadratische Flächen.</u>**

Kopfgeometrie:

Ein Tier ganz aus Flächen:

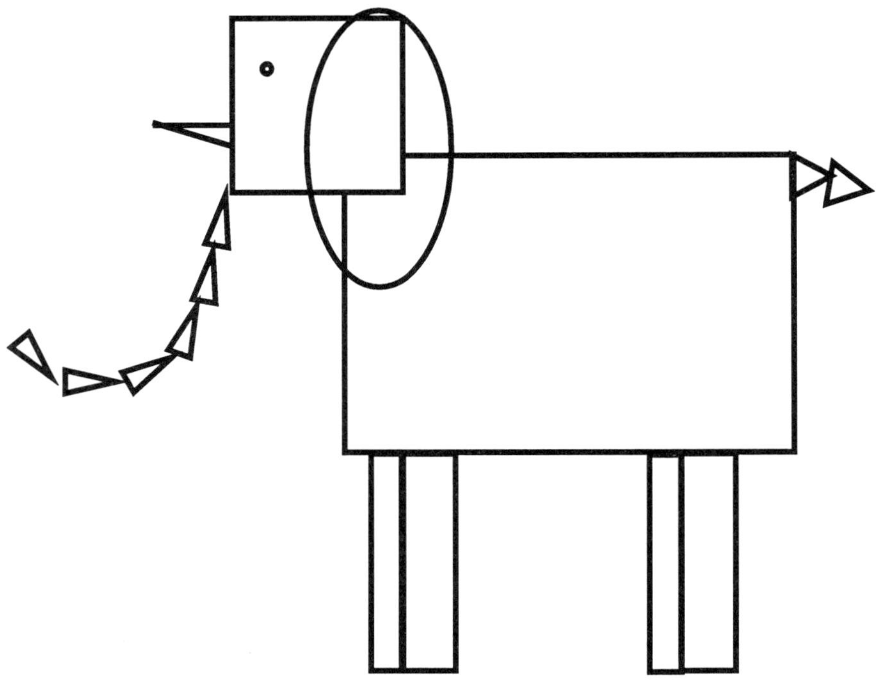

Merkeintrag-Vorschlag:

Das Netz eines Würfels

Das Netz eines Würfels bekommt man durch

* **Zerschneiden** entlang der Kanten

oder

* **Abrollen** des Würfels auf Papier und Nachfahren der Flächen

Verschiedene Netze:

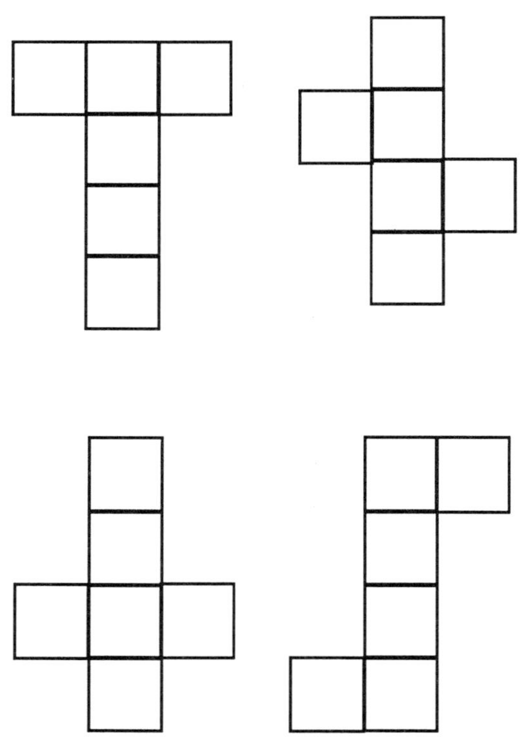

Das Netz zeigt uns die **Flächen** des Würfels **(Flächenmodell).**

Jeder Würfel hat **sechs gleich große, quadratische Flächen.**

Das Würfelnetz

1) Bemale gegenüberliegende Flächen in der gleichen Farbe.

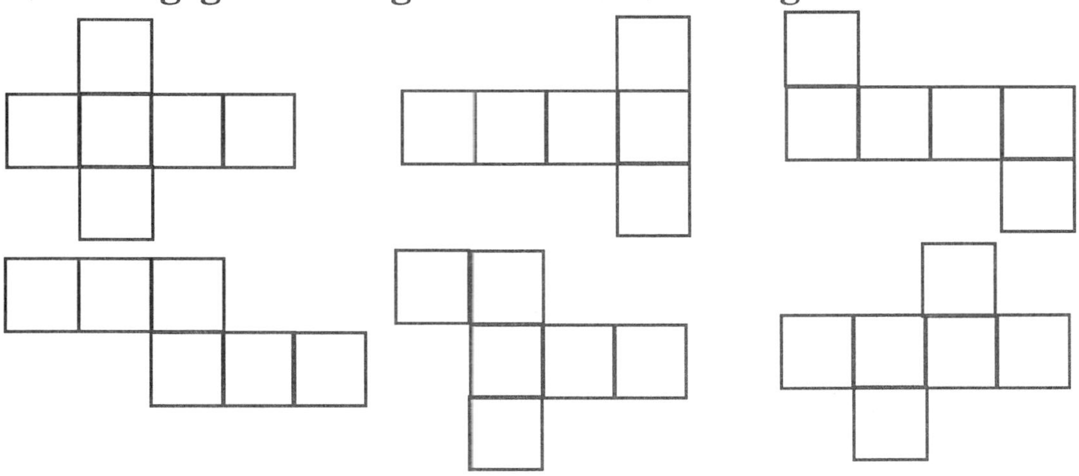

2) Bei einem Spielwürfel ergibt die Summe der Augen gegenüberliegender Flächen immer 7. Zeichne die fehlenden Augen ein.

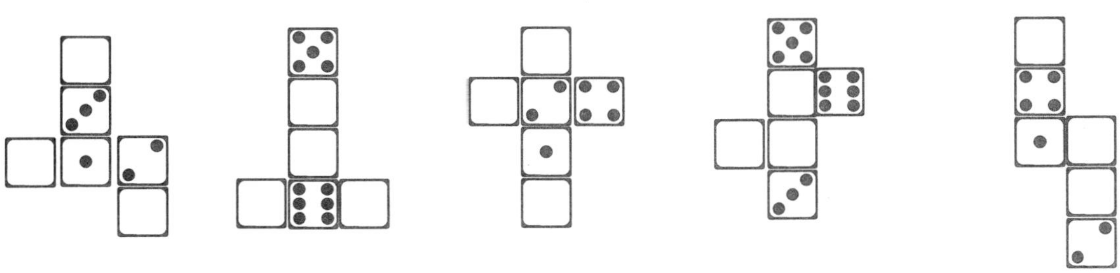

3) Dem Zeichner sind Fehler passiert. Kreuze die entsprechenden Stellen an und begründe.

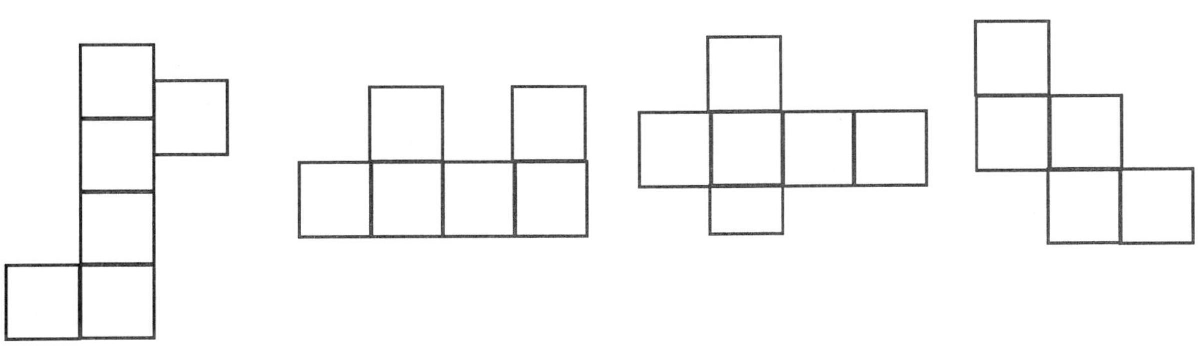

Das Würfelnetz

1) Bemale gegenüberliegende Flächen in der gleichen Farbe.

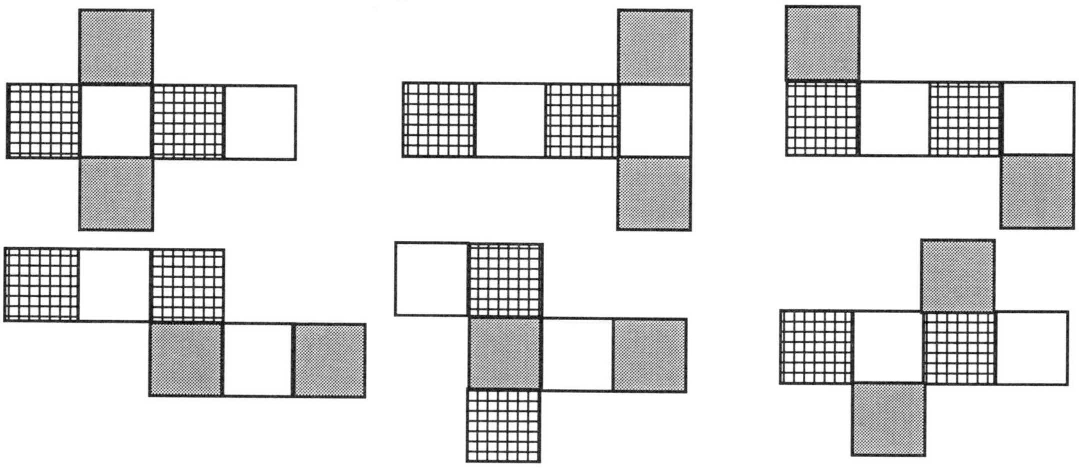

2) Bei einem Spielwürfel ergibt die Summe der Augen gegenüberliegender Flächen immer 7. Zeichne die fehlenden Augen ein.

3) Dem Zeichner sind Fehler passiert. Kreuze die entsprechenden Stellen an und begründe.

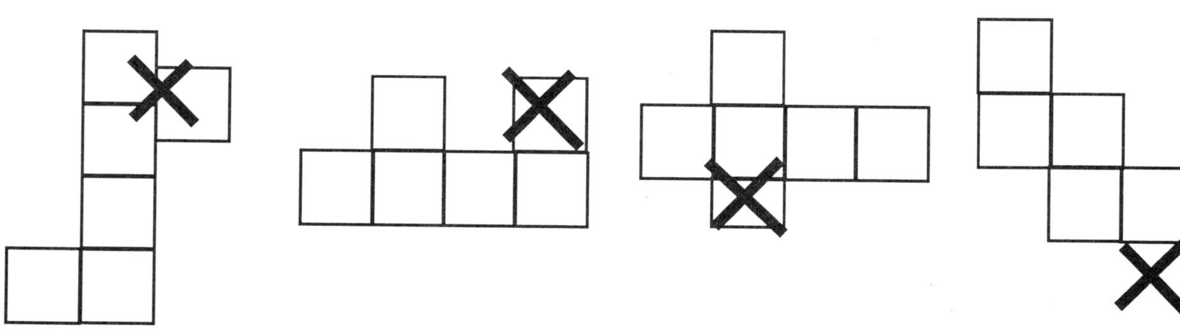

Die Fläche ist versetzt.

Die Fläche ist doppelt vorhanden, eine andere fehlt.

Die Fläche ist kein Quadrat.

Die Fläche fehlt.

Lehrbereich / Thema

Das Quadernetz

Didaktischer Verlauf / Lernziele

Warmrechnen:

- Tiere anno dazumal (Kopfrechnenkartei 4 / Karte 13) (s. auch Netz eines Würfels)
- Wdhg. Würfelnetz / Wdhg.: Eigenschaften von Würfel und Quader (Kanten, Ecken, Flächen)
- Kimspiel: Säckchen mit verschiedenen Körpern, Quader und Würfel blind erfühlen

Einstieg/Motivation: Fritzi will Schmuckkästchen für Mutti mit Glanzfolie exakt bekleben

Zielangabe: Das Quadernetz

Hauptteil:

Erstellen eines Quadernetzes durch Abrollen:

1) grobmotorisches Handeln

Abrollen eines größeren Kartons auf großem Papierbogen

Beachten: zusammenhängend abrollen; jede Fläche einmal; genaues Nachfahren der Kanten;

2) feinmotorisches Handeln

EA: Abrollen eines Dominosteins auf Blockblatt

Netze erproben

Ausschneiden des Netzes und Falten an den Kanten führt zum Quader

Vertiefung:

Verschiedene Netze auf Overheadprojektor legen und vergleichen

Erkenntnis:

Zu einem Dominostein gibt es verschiedene Netze,

alle aber bestehen aus 6 rechteckigen Flächen, je zwei gegenüberlieg. Flächen sind gleich groß

Kennzeichnen gleicher Flächen durch Bemalung am großen und an den kleinen Netzen

Ausklang: „Wer entdeckt den Fehler?" Fehlersuche bei fehlerhaften Netzen an Folie

Sicherung:

AB: Das Quadernetz / Merkeintrag (vergl. TA)

Tafelbild / Folie

Wie erhält Fritzi eine passende Umhüllung für Muttis Schmuckkästchen

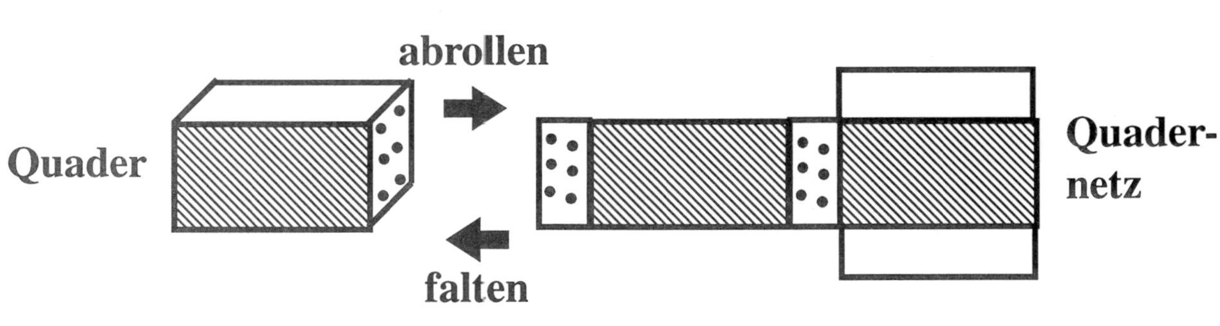

Wir merken uns:

Ein Quadernetz besteht aus sechs rechteckigen Flächen,

je zwei Flächen sind gleich groß.

Kopfgeometrie:

Ein Tier ganz aus Flächen:

Fehlerhafte Würfelnetze

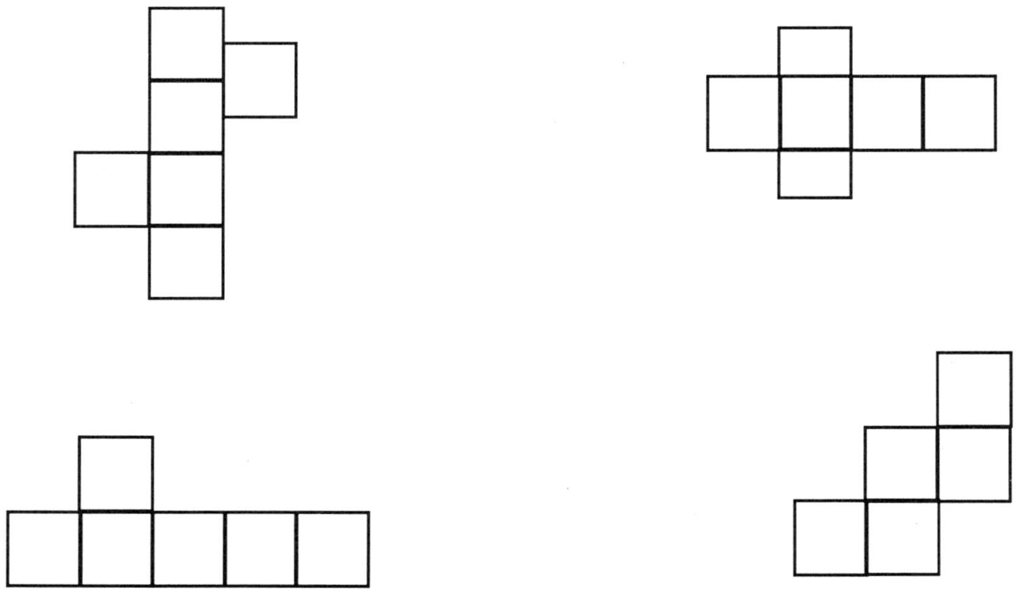

Das Quadernetz

1) Ungewöhnliche Netze -
bemale gegenüberliegende Flächen mit der gleichen Farbe.

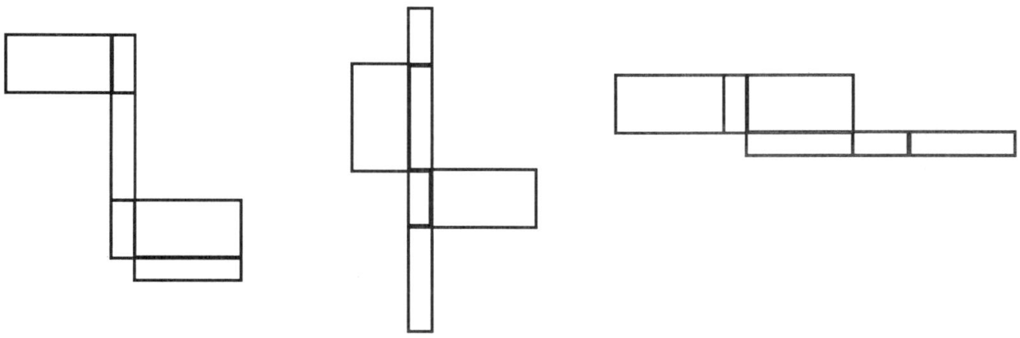

2) Was ist bei diesen Netzen falsch? Streiche die Stellen an und zeichne die Netze richtig in dein Heft.

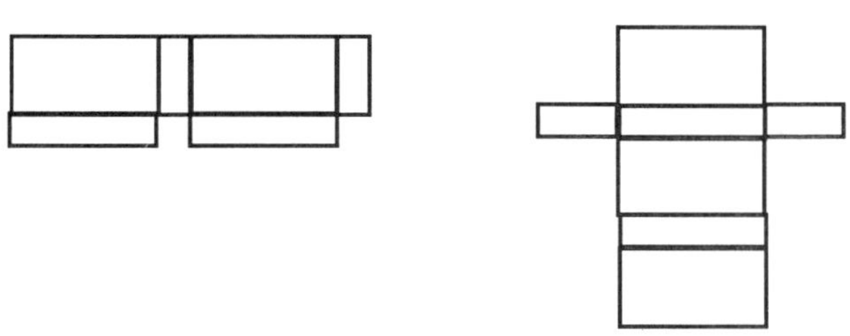

3) Diese Netze sind noch recht unvollständig. Ergänze sie richtig.

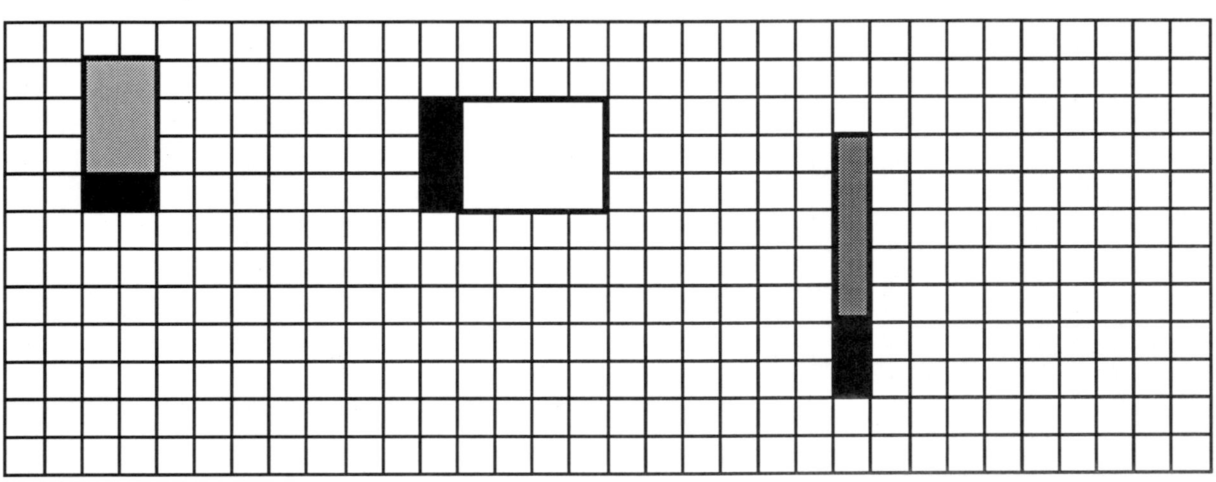

Das Quadernetz

1) Ungewöhnliche Netze -
bemale gegenüberliegende Flächen mit der gleichen Farbe.

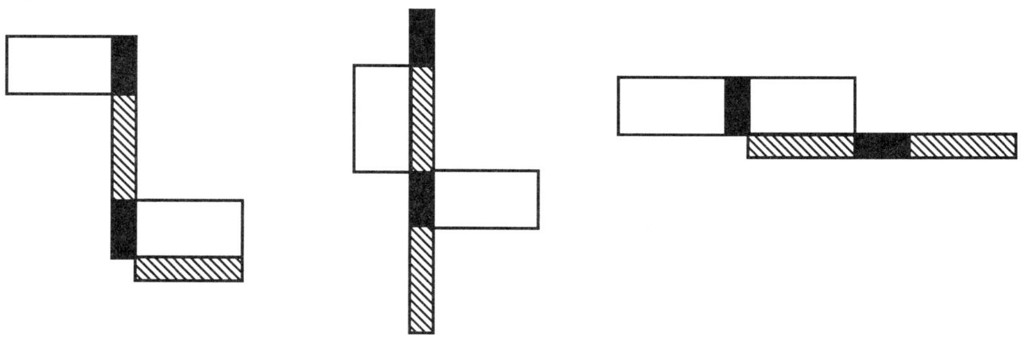

2) Was ist bei diesen Netzen falsch? Streiche die Stellen an und zeichne die Netze richtig in dein Heft.

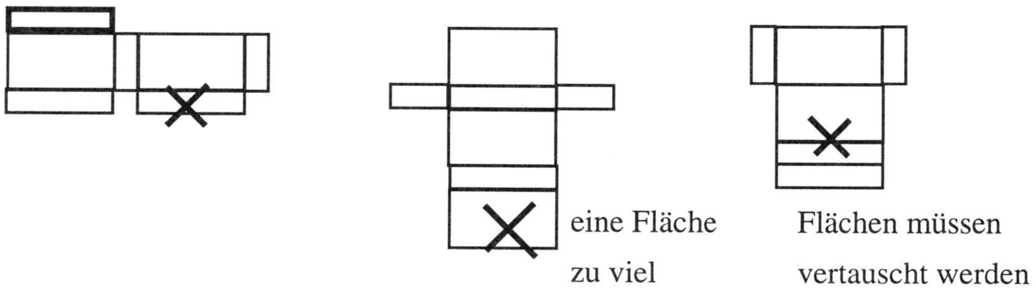

3) Diese Netze sind noch recht unvollständig. Ergänze sie richtig.

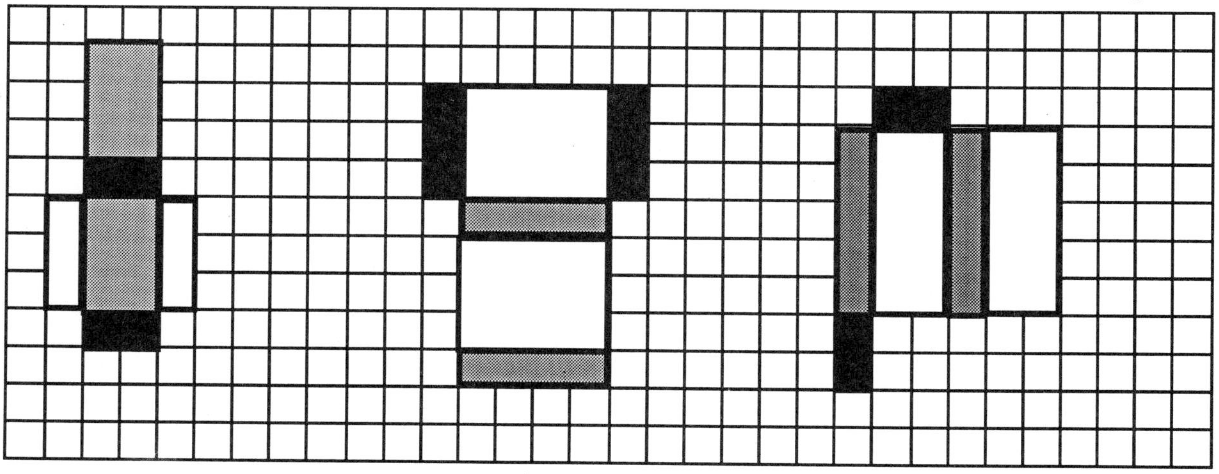

Spiegelschlagen

Spielregel:

Jeder der zwei Spieler verteilt seine drei Spielfiguren auf seiner Spielhälfte. Der Spieler mit der höchstgewürfelten Augenzahl beginnt.

Er würfelt und zieht eine seiner Figuren so viele Felder, wie der Würfel Augen zeigt. Er kann dabei senkrecht oder waagrecht gehen oder auch eine Kombination aus beiden Richtungen. Er muss aber in seiner Hälfte bleiben.

Gelangt er auf ein Feld, auf dessen spiegelbildlich zur Diagonalen gelegenen Feld ein gegnerischer Stein liegt, darf er diesen entfernen. Sieger ist, wer allein auf dem Spielfeld übrig bleibt.

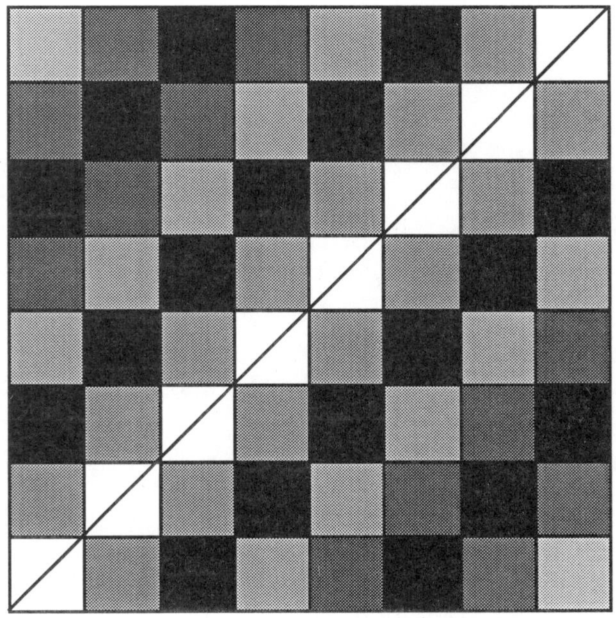

Spiegeldomino

Findest du das Spiegelbild?

Mischt die Dominokarten und legt sie verdeckt auf. Je nach Mitspieler zieht ihr drei bis fünf Karten, eine Karte wird offen in die Mitte gelegt. Der erste Spieler schaut nach, ob er eine seiner Karten anlegen kann. Dazu muss die Karte genau das Spiegelbild zum Bild auf der letzten Karte zeigen. Die äußere Breitkante gilt als Spiegelachse. Besitzt der Spieler keine passende Karte, muss er eine neue Dominokarte ziehen, die er, falls sie passt, noch anlegen darf. Der nächste Spieler ist an der Reihe.

Sieger ist, wer zuerst alle seine Dominokarten anlegen konnte.

Information / Lösung

Lerninhalt
Spiegelung an diagonaler Spiegelachse

Material:
„Spielbrett", drei Spielsteine pro Spieler, ein Würfel

Vorbereitung:
„Spielbrett" evtl. vergrößern und folieren

Sozialform:
Partnerarbeit (evtl. auch zwei Teams), Arbeit an Stationen, Freiarbeit

Variationen:

* mehr oder weniger Spielsteine;
* Spielzug ist nur in einer Richtung erlaubt,
  an der Spielfeldgrenze verfällt die restliche Augenzahl oder
  ist die Augenzahl des Würfels höher, als eine Figur in eine Richtung gezogen
  werden kann, verfällt der ganze Wurf;

Information / Lösung

Lerninhalt
Spiegelung an senkrechter Spiegelachse

Material:
Spiegel-Dominokarten 1 oder 2

Vorbereitung:
Die Dominokarten (S. 121 oder 122) werden auf festeres Tonpapier kopiert und anschließend foliert.
Anschließend werden die Karten ausgeschnitten.

Sozialform:
Spiegel-Dominokarten 1: Partnerarbeit, Gruppenarbeit, Arbeit an Stationen, Freiarbeit
Spiegel-Dominokarten 2: Partnerarbeit, Arbeit an Stationen, Freiarbeit

Kontrolle:
Die Mitspieler kontrollieren sich gegenseitig. Außerdem bleibt bei richtiger Anordnung keine Karte übrig.

Spiegeldomino - Karten 1

Spiegeldomino - Karten-2

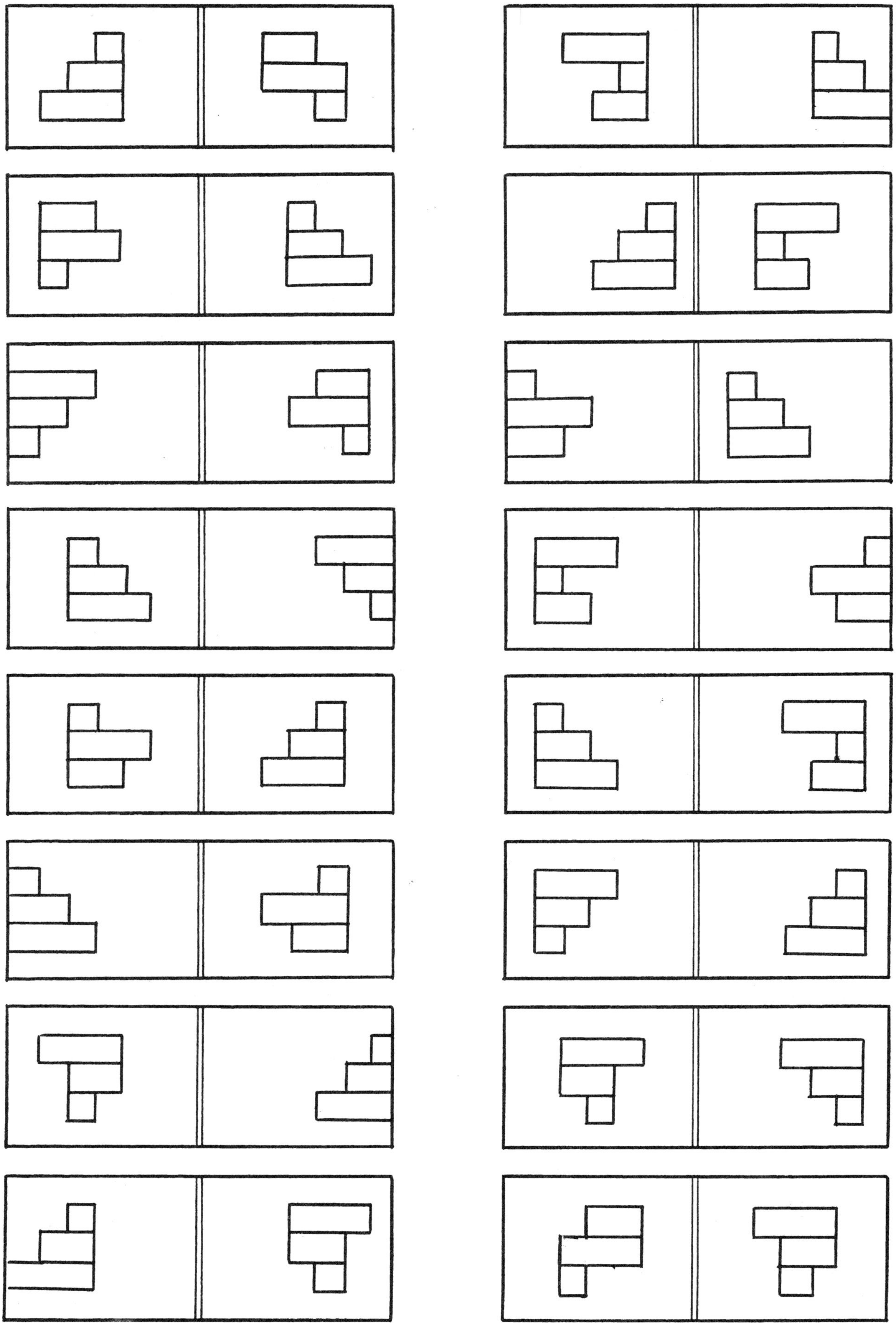

Fang den Fisch

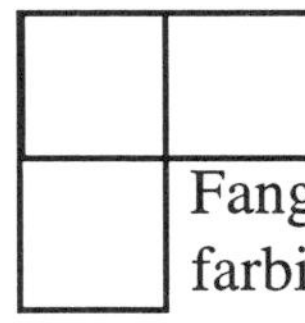

Fangkorb aus farbiger Folie

Spielregel:

Das Spiel wird ähnlich wie „Schiffe versenken“ gespielt.
Jeder Spieler hat zwei Spielfelder. In dem einen markiert er seine fünf Fische (je ein Kästchen), im zweiten notiert er die Fangversuche des Mitspielers.
Zum Fang wird der Fangkorb immer in die linke obere Ecke gesetzt. Von dort wird die gewünschte Verschiebung angegeben, z.B. drei Kästchen nach rechts, vier nach unten.
Überdeckt der Fangkorb einen Fisch, ist dieser gefangen. Der Spieler darf weitermachen.
Erwischt er keinen Fisch, ist der andere Spieler an der Reihe.
Wer zuerst alle Fische fangen konnte, ist Sieger.

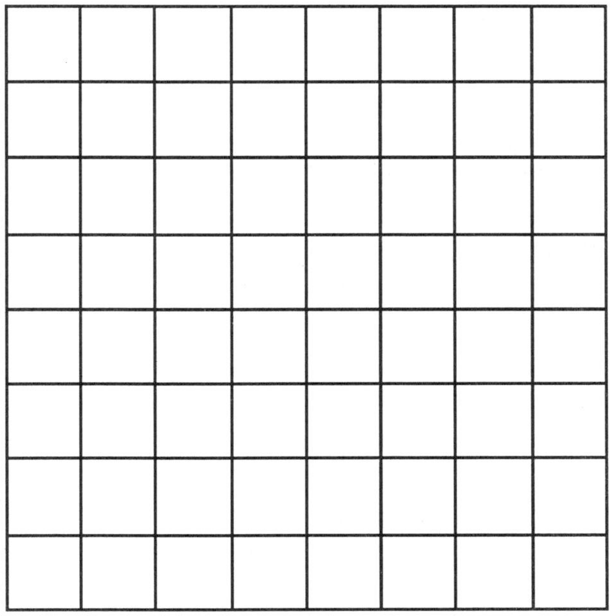

Freund, pass auf

Für das Spiel braucht jeder Mitspieler vier Spielfiguren, außerdem benötigt ihr einen normalen Spielwürfel und einen Richtungswürfel, mit den Flächen links, rechts, oben, unten und zwei Jokerflächen.
Gewürfelt wird immer mit beiden Würfeln. Während der eine die Zahl der Felder angibt, um die man eine seiner Figuren weiterrücken darf, bestimmt der andere Würfel die Richtung, die bei einem Joker vom Spieler selbst gewählt werden darf.
Das Ziel besteht darin, eine zu Spielbeginn ausgemachte Zahl an Spielfiguren vom quadratischen Starthaus in das schräg gegenüberliegende Längshaus zu bringen. Außer auf den Ruhefeldern, die nur von einer Spielfigur besetzt werden dürfen, kann der Gegner überall geworfen werden. Er muss im Starthaus wieder beginnen.

Information / Lösung

Lerninhalt
Verschiebung mit konkretem Gegenstand

Material:
Spielfelder (je Spieler zwei) in ausreichender Anzahl kopieren,
je Spieler einen „Fangkorb“ (farbiges Folienplättchen)

Vorbereitung:
Spielfelder in ausreichender Anzahl kopieren

Sozialform:
Partnerarbeit, evtl. auch zwei Teams, Freiarbeit

Kontrolle:
Die Mitspieler können am Ende des Spiels ihre Aufzeichnungen vergleichen.
Während des Spiels könnte ein unabhängiger Tutor das Spiel überwachen.

Information / Lösung

Lerninhalt: Verschiebung mit konkretem Gegenstand

Material:
„Spielbrett: Freund, pass auf!“ (S. 125 oder 126), ein normaler Spielwürfel,
je Mitspieler vier Spielfiguren (am besten flache Plättchen zum Schieben),
ein präparierter Richtungs-Spielwürfel mit den Flächen links, rechts, oben, unten, zwei Joker

Vorbereitung:
Spielvorlage auf Tonpapier kopieren, evtl. farbig gestalten, folieren
Richtungs-Würfel präparieren

Sozialform:
Spiel für zwei bis vier Spieler (für die Pause oder die Vorviertelstunde)

Tipp:
Eine Zeitersparnis wird durch das kleinere Spielfeld erreicht, bzw. durch die Vereinbarung, dass nur eine Figur ins Ziel gebracht werden muss.

Kontrolle: durch Mitspieler

Freund, pass auf! (großes Spielfeld)

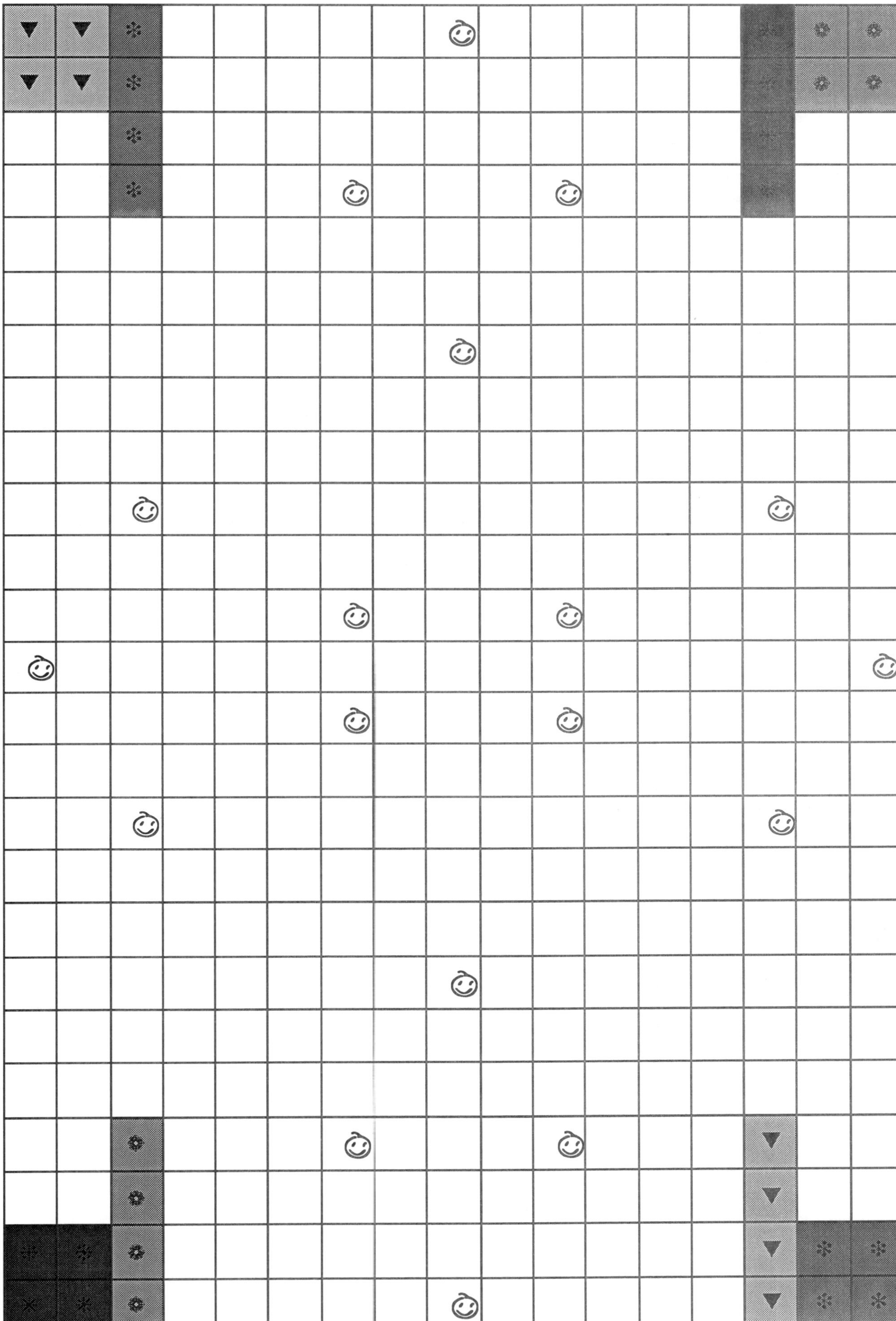

Freund, pass auf!
(kleines Spielfeld)

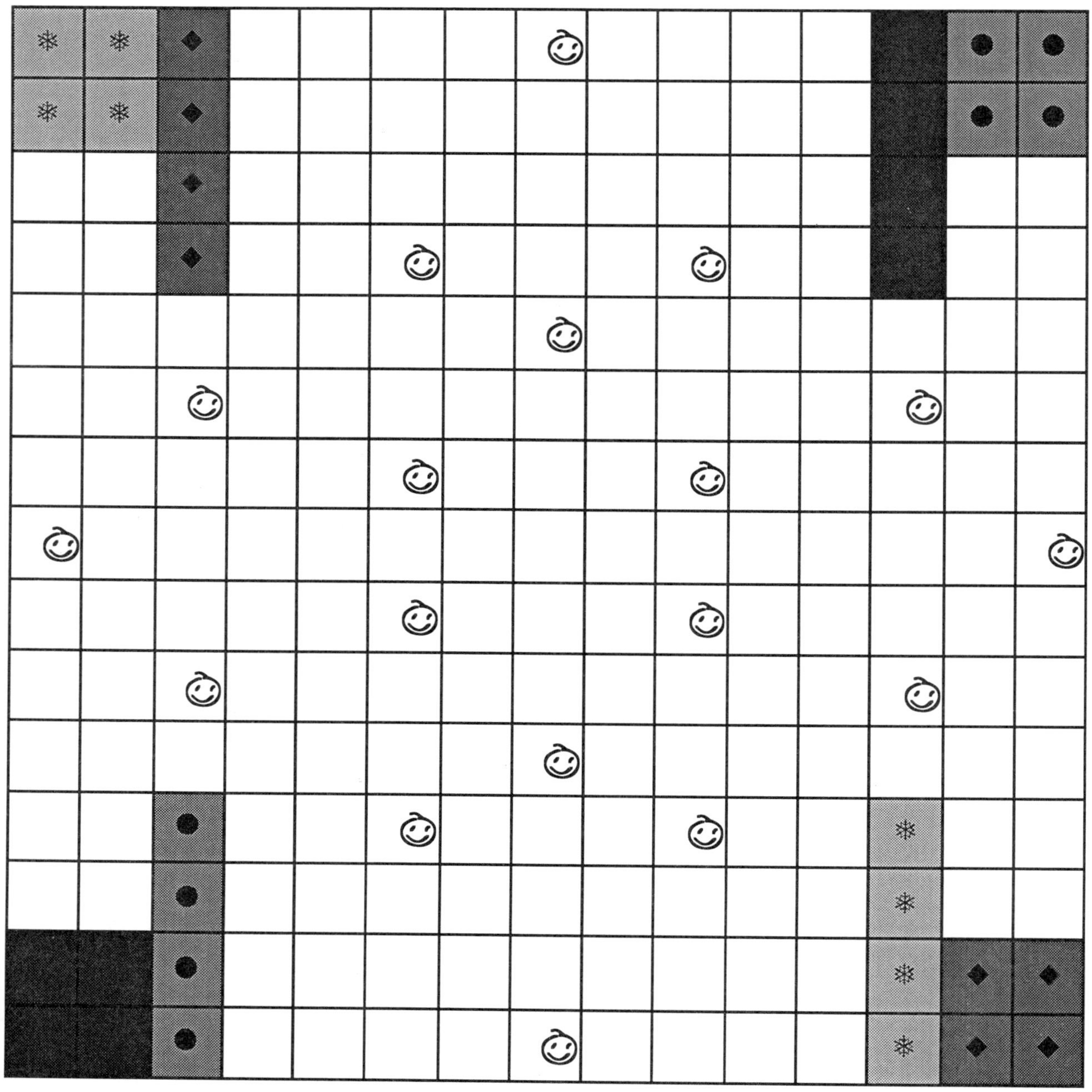

Mosaik

Schneide die Puzzleteile an den fettgedruckten Linien auseinander, so dass jedes Teil mit seiner Anweisung verbunden bleibt.

Drehe nun das Teil in der angegebenen Richtung so weit, wie es dir das Zeichen zeigt.

Merke dir die Lage, schneide die Anweisung ab und klebe das Teil auf sein Feld auf der Spielvorlage.

Bei richtiger Lösung erhältst du ein Bild.

Drehquartett „Zahlen“ oder „Tiere“

Spielt „Drehquartett“ nach den üblichen Quartettregeln:

Der erste Spieler frägt einen beliebigen Mitspieler nach einer Karte eines noch unvollständigen Quartetts. Besitzt der Befragte die Karte, muss er sie abgeben, der erste Spieler darf weiter fragen.
Besitzt der Befragte die Karte nicht oder gibt der Fragende eine falsche Angabe, kommt der nächste Spieler an die Reihe.
Vier passende Karten werden zu einem Quartett abgelegt.
Sieger ist, wer am Schluss die meisten Quartette besitzt.

Frage z.B. so: „A, hast du die Drei um eine Vierteldrehung nach rechts gedreht?“

Information / Lösung

Lerninhalt
Drehung an konkretem Material

Material:
Mosaikvorlage (S.129) und Spielplan (S.130)

Vorbereitung:
Die Mosaikvorlage und der Spielplan werden in Schülerzahl auf festeres Tonpapier kopiert.

Sozialform:
Einzelarbeit, Partnerarbeit, Gruppenarbeit, Arbeit an Stationen, Freiarbeit

Kontrolle:
Bei richtiger Ausführung ergibt sich ein Bild.

Information / Lösung

Lerninhalt
Drehung an konkretem Material

Material:
Dreh-Quartettkarten
Drehquartett 1 (24 Karten): Zahlen (S.131)
Drehquartett 2 (36 Karten): Tiere (S.132)

Vorbereitung:
Die Quartettkartenvorlage wird auf festeres Tonpapier kopiert und anschließend foliert. Danach werden die einzelnen Karten ausgeschnitten.

Sozialform:
Partnerarbeit, Gruppenarbeit, Arbeit an Stationen, Freiarbeit

Kontrolle:
durch Mitspieler

Mosaik-Vorlage

<u>Mosaik-Spielplan</u>

1	2	3	4
5	6	7	8
9	10	11	12
13	14	15	16
17	18	19	20
21	22	23	24

Drehquartett „Zahlen“

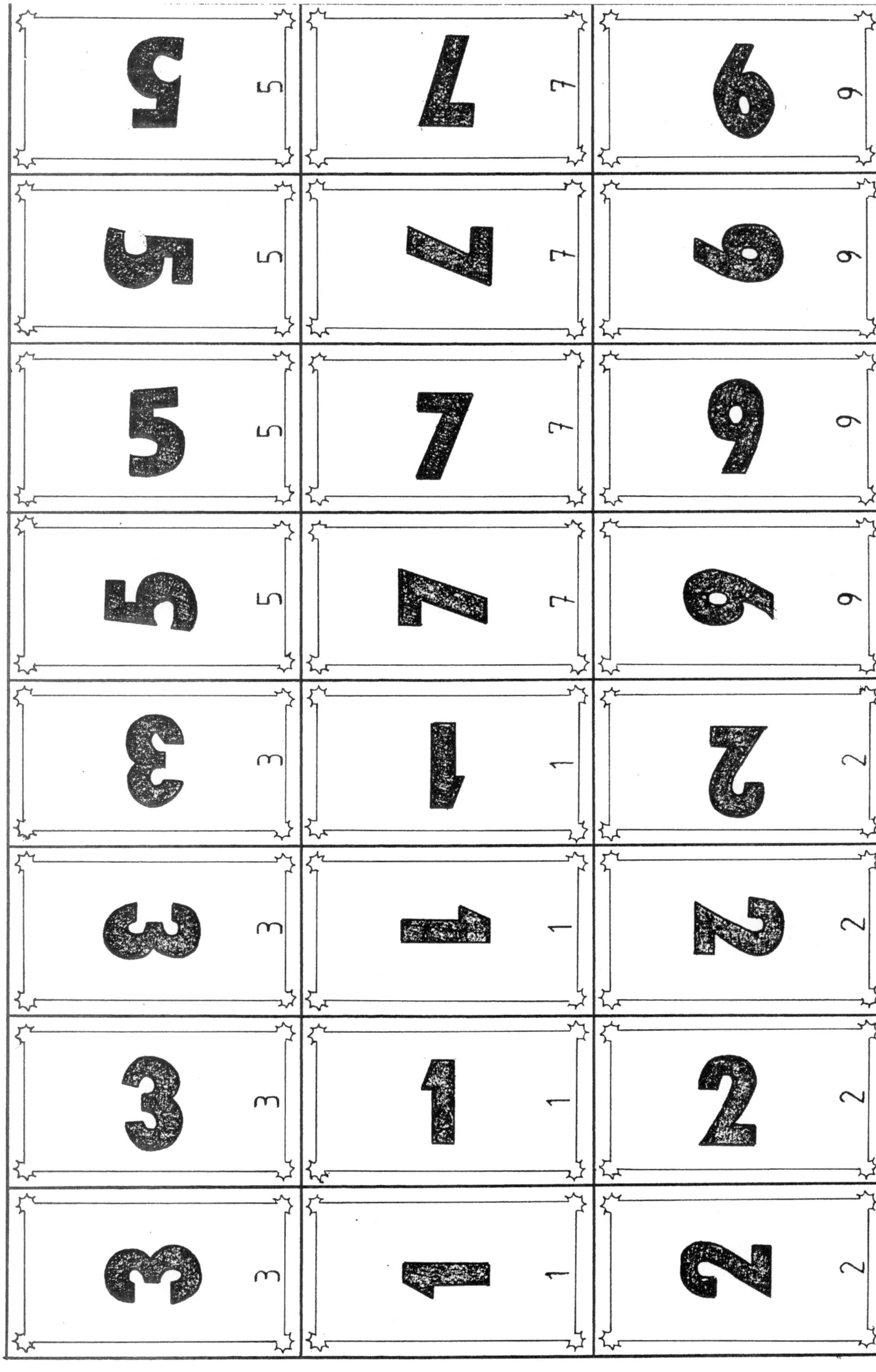

Drehquartett „Tiere“

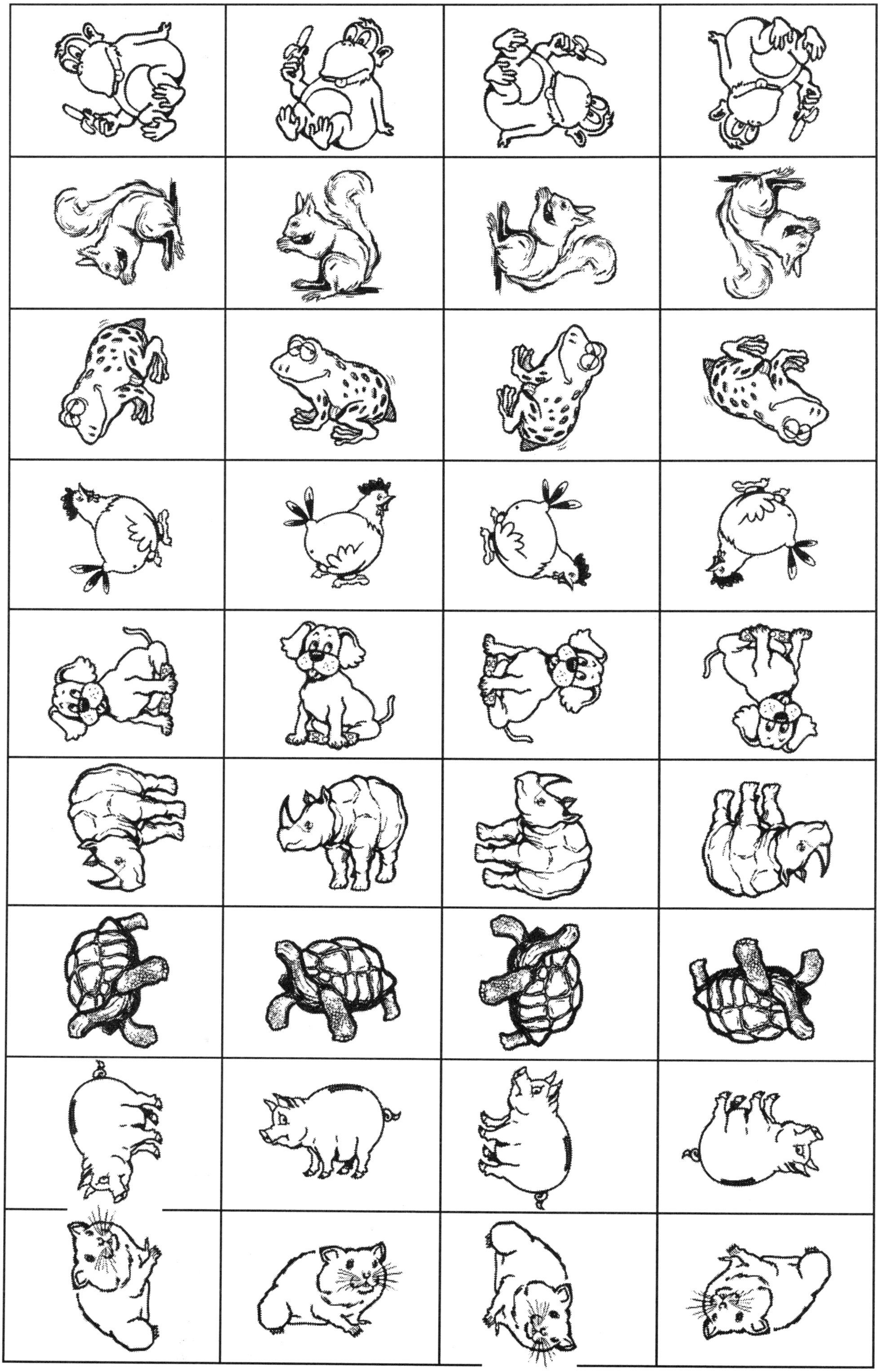

Probebausteine

Seite 1

Zeichne jeweils die zweite Hälfte.

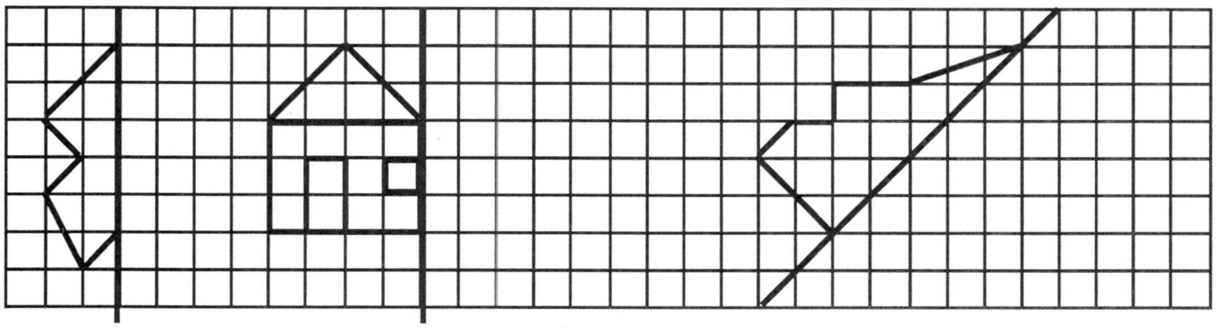

Die Stadt spiegelt sich im Wasser. Zeichne das Spiegelbild.

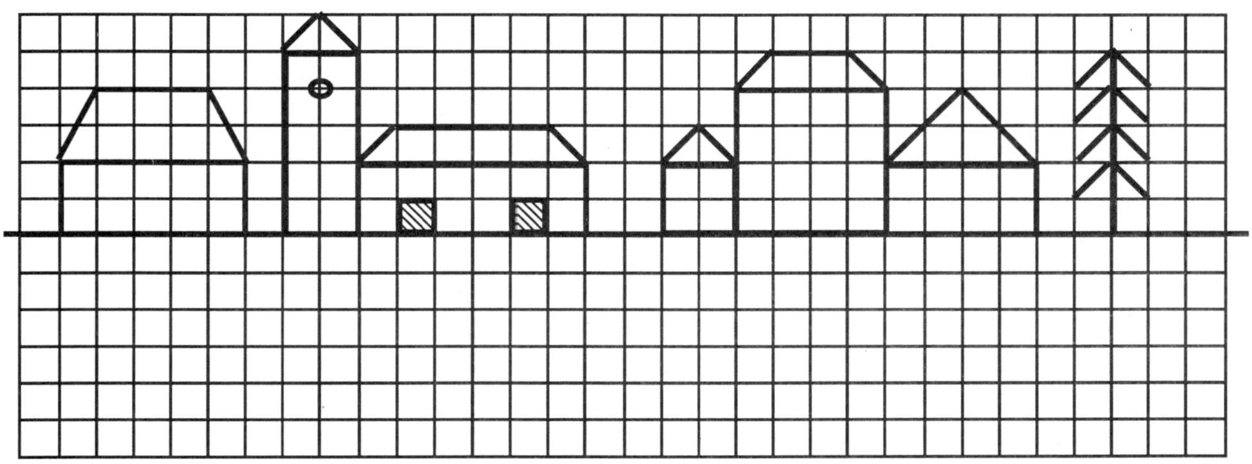

Das Bild ist nicht ganz spiegelbildlich.
Entdeckst du die 5 kleinen Fehler.

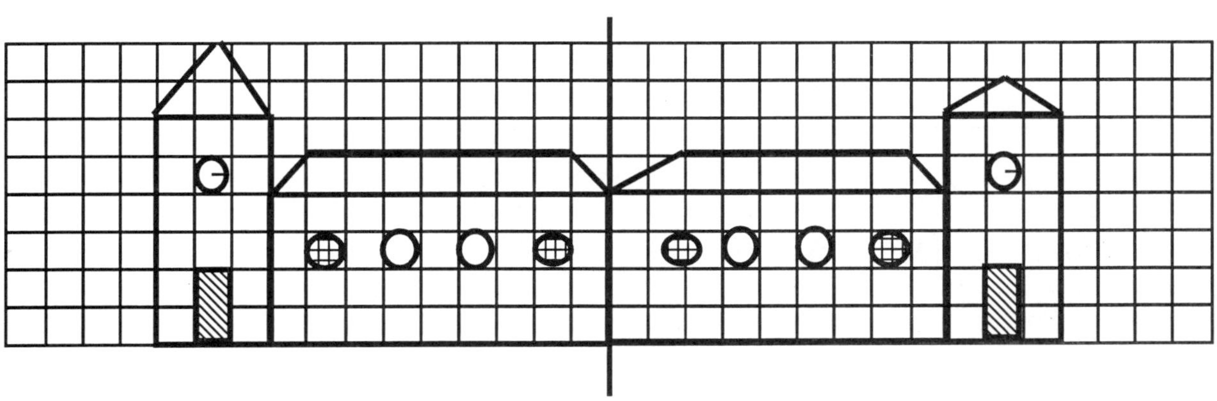

Probebausteine
Seite 2

Wie heißt jeweils die Verschiebevorschrift in Kästchen?

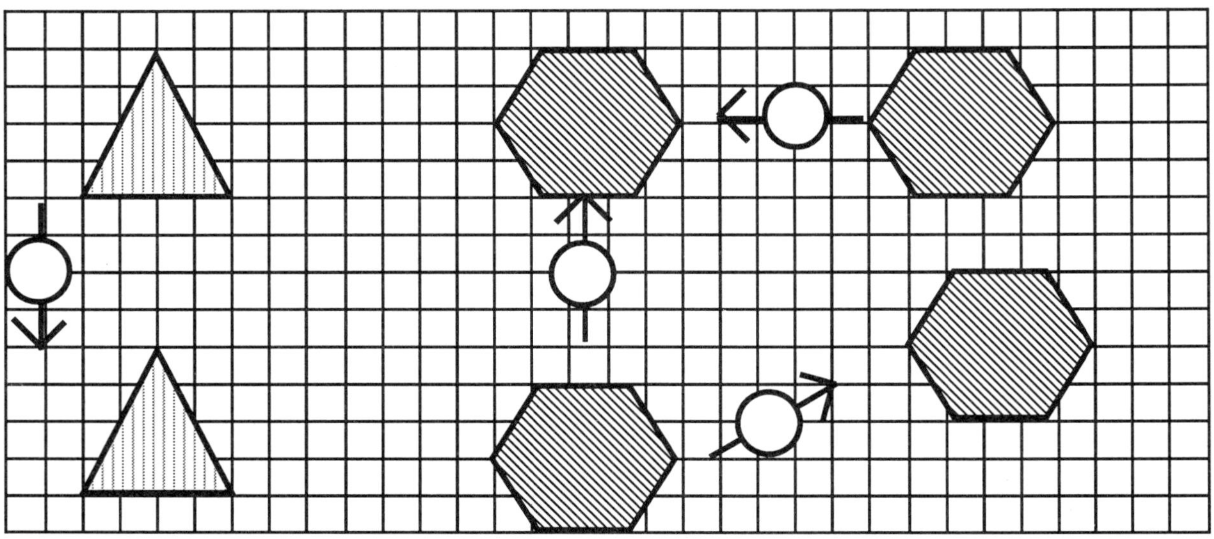

Wo liegen die verschobenen Figuren?
Zeichne sie ein.

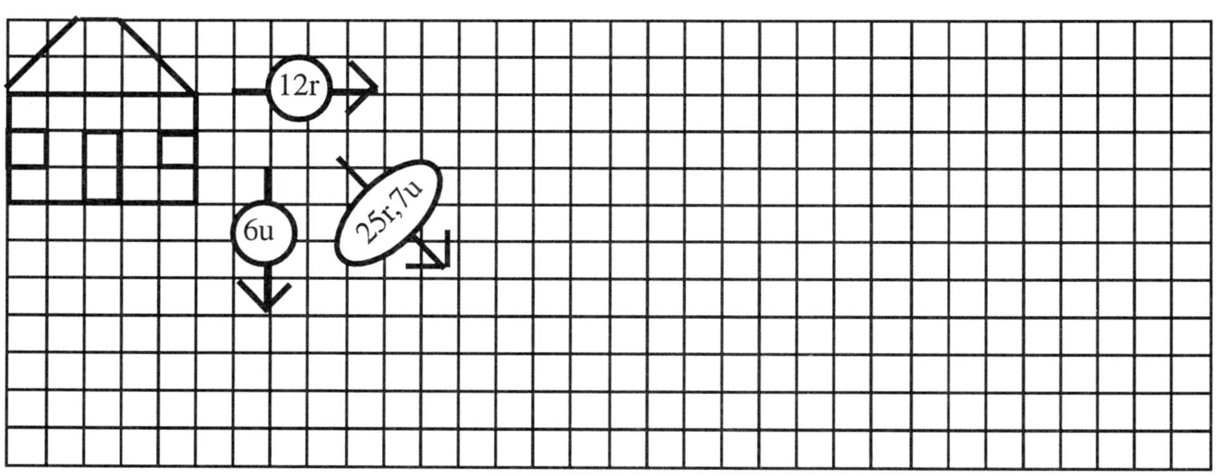

Was beinhaltet die Verschiebevorschrift.
Erkläre an einem Beispiel.

Probebausteine

Seite 3

Gib die Drehrichtung und den Drehumfang an.
Nenne beide Möglichkeiten.

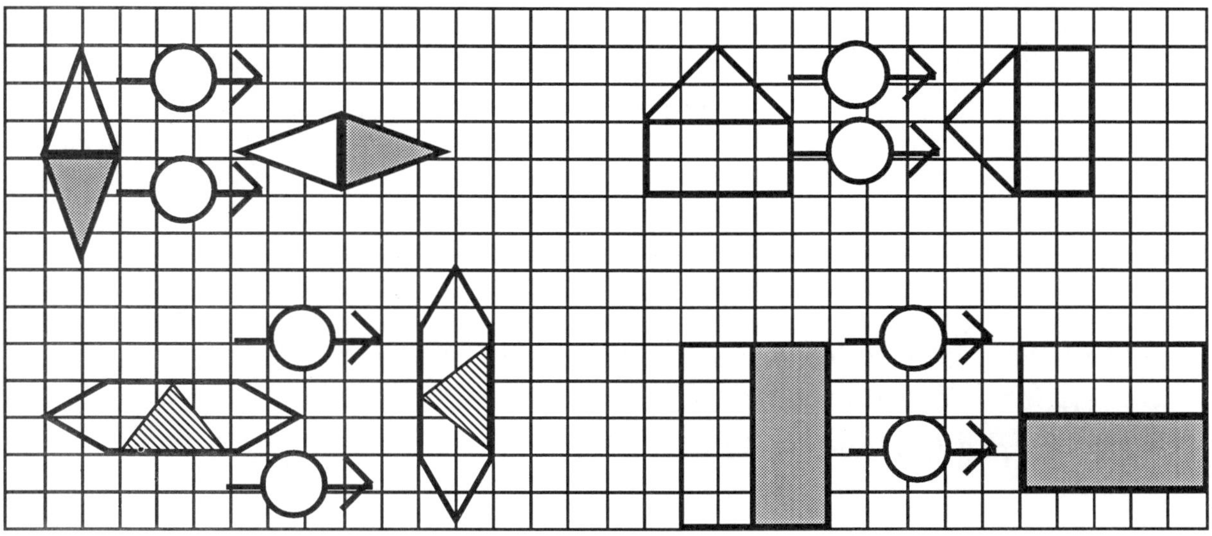

Drehe jeweils die Ausgangsfigur nach Vorschrift und zeichne sie.

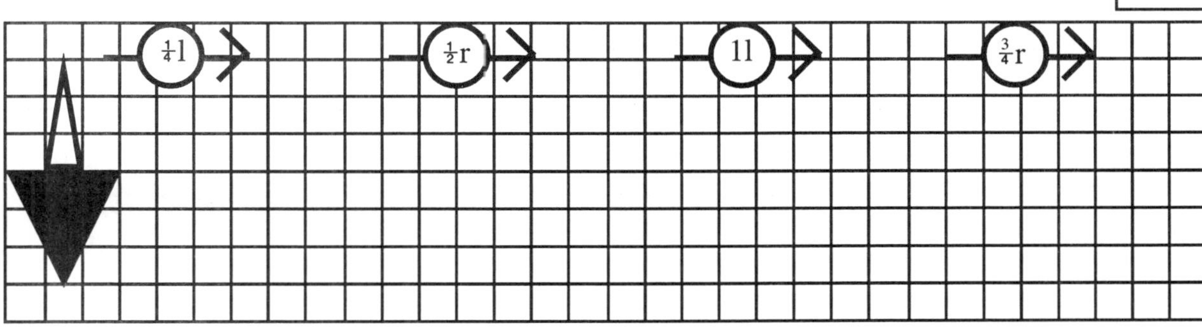

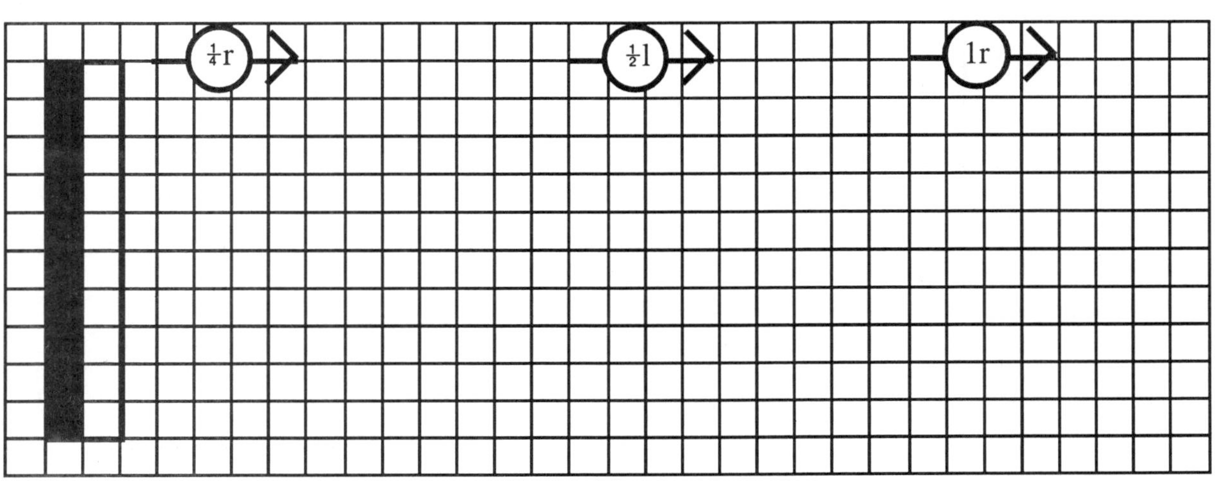

Probebausteine

Seite 4

Bemale gegenüberliegende Flächen mit der gleichen Farbe.

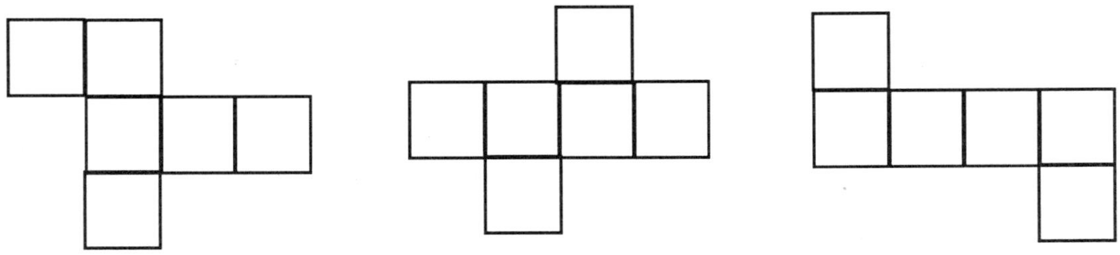

Bei einem Spielwürfel ergibt die Summe der Augen gegenüberliegender Flächen immer 7.
Zeichne die fehlenden Augen ein.

Bei den folgenden Quadernetzen haben sich Fehler eingeschlichen. Kreuze die fehlerhaften Stellen an.

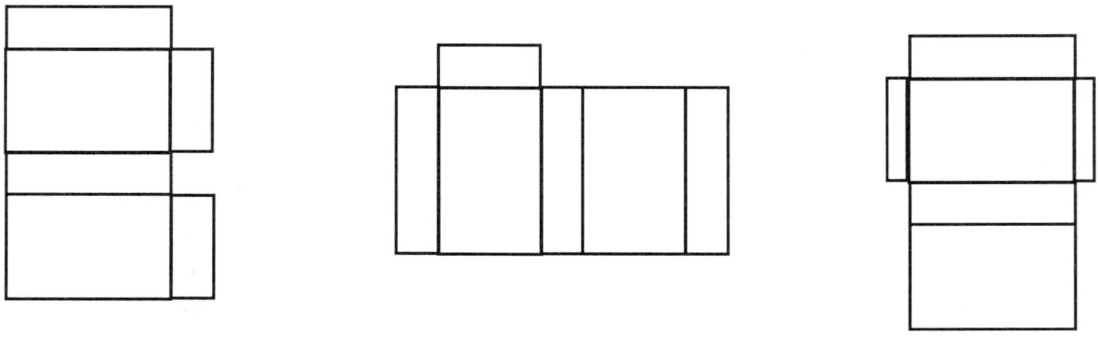

Probebausteine-Lösung

Seite 1

Zweite Hälfte:

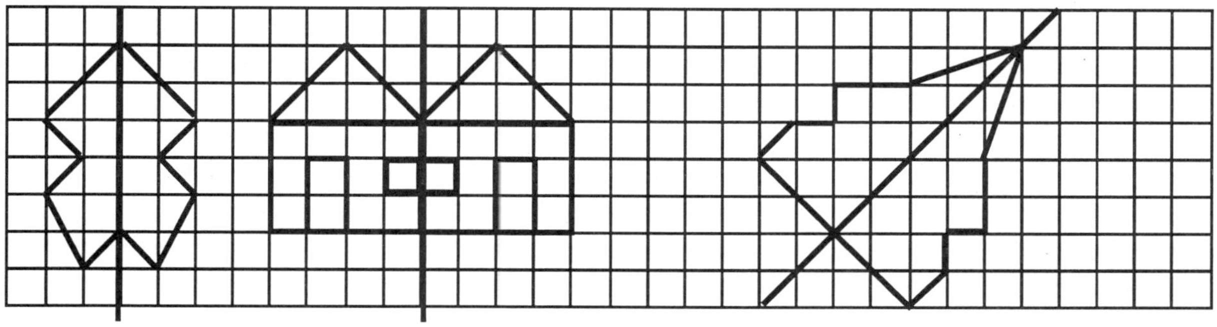

Stadtspiegelbild

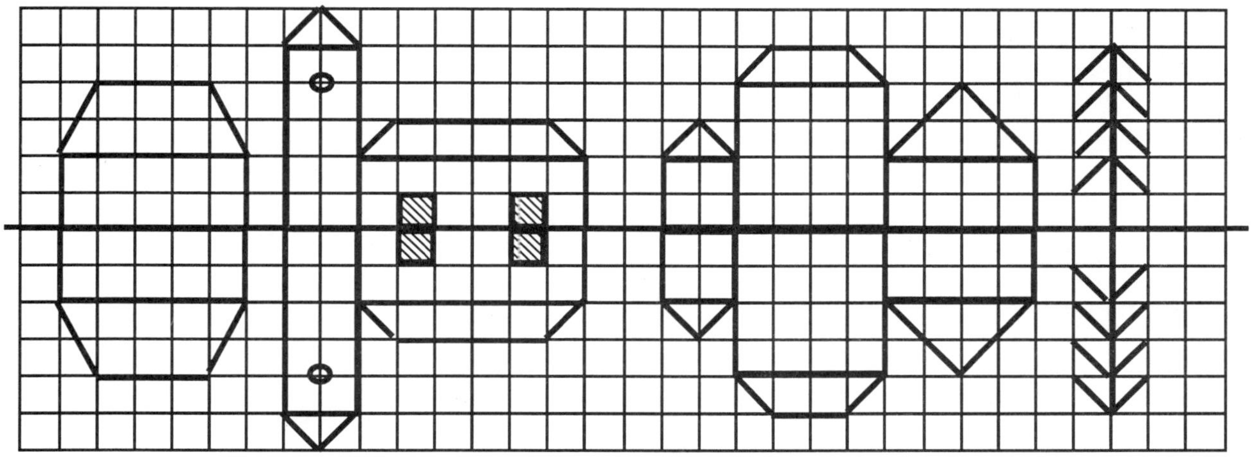

Fehlerbild:

Dach des Kirchturms, Dachschräge, Zeiger der Uhr zeigt in die falsche Richtung, Türstreifen gehen in die falsche Richtung, rundes Fenster verschoben

Seite 2

Verschiebevorschrift in Kästchen:

Dreieck 8 Kästchen nach unten (8u)

Sechseck 9 Kästchen nach oben (9o), 10 Kästchen nach links (10 l)
sowie 11 Kästchen nach rechts und 3 nach oben (11r, 3o)

Probebausteine-Lösung

Verschiebung:

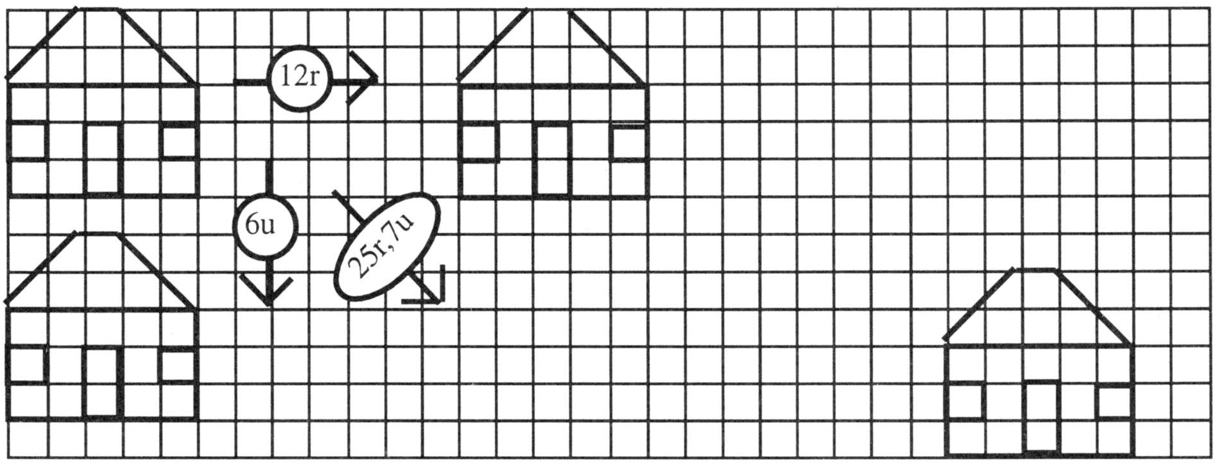

Verschiebevorschrift / Beispiel:
Eine Verschiebevorschrift enthält die Verschieberichtung und die Verschiebelänge;
Beispiel 2u heißt: Verschiebe die Figur um 2 Kästchen nach unten

Seite 3

Drehvorschriften:

Raute: Vierteldrehung links oder Dreivierteldrehung rechts
Haus: Vierteldrehung links oder Dreivierteldrehung rechts
Sechseck mit Dreieck: Vierteldrehung links oder Dreivierteldreh. rechts
Doppelrechteck: Vierteldrehung rechts oder Dreivierteldrehung links

Drehung - 1.Teil

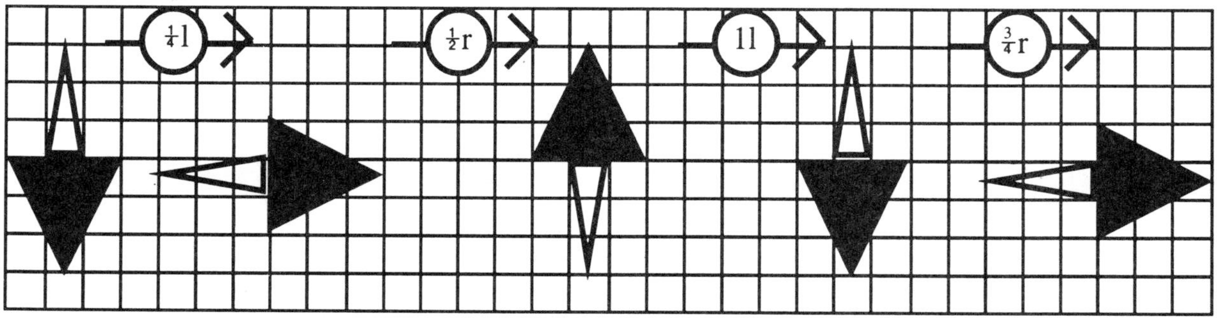

Probebausteine-Lösung

Drehung - 2.Teil

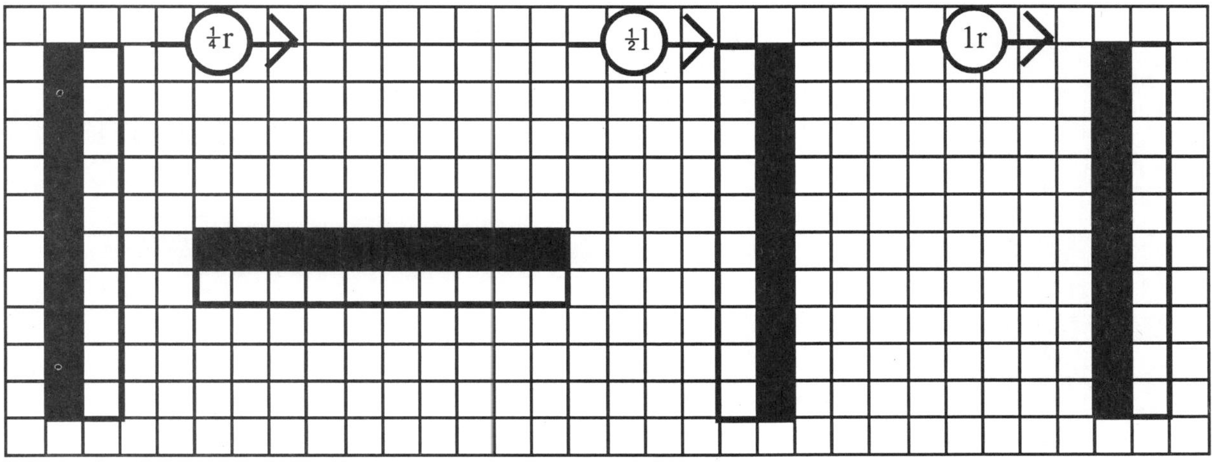

Seite 4

Würfelnetze - Bemalung gegenüberliegender Flächen:

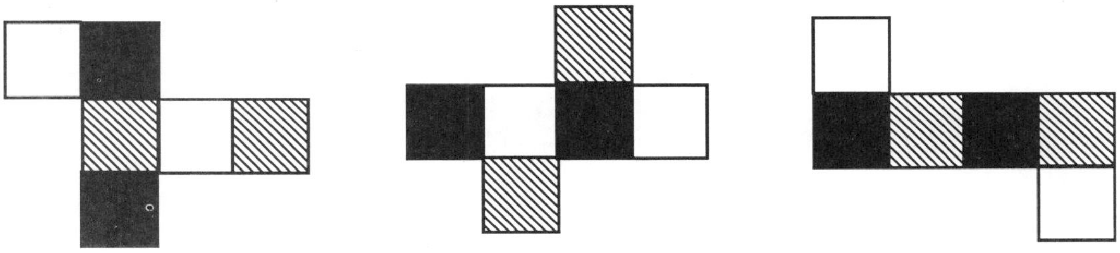

Würfelnetze - Beschriftung gegenüberliegender Flächen:

Quadernetze -Fehler

a) schmale Seitenfläche an verkehrter Stelle
b) eine Längsseitenfläche zu viel, eine Breitseitenfläche zu wenig
c) Breitseitenflächen sind zu schmal

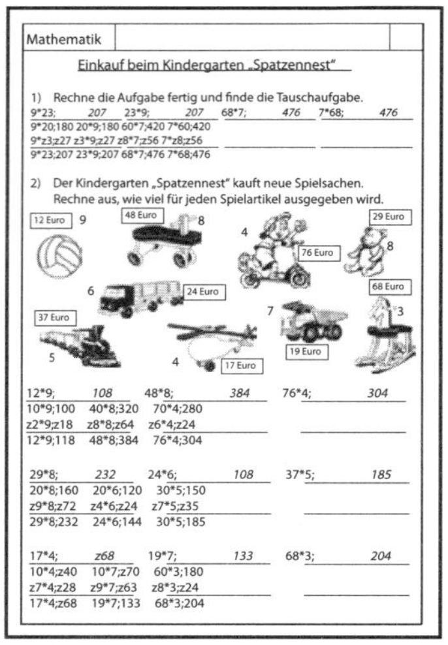

Vorwort

Arbeit mit der Kartei

Inhaltsverzeichnis

Themenbereich: Multiplikation

Stundenbilder mit Arbeitsblättern:

Wir nehmen ZE-Zahlen halbschriftlich mal

Wir lernen das Malnehmen

Wir lernen das Malnehmen mit Stellenüberschreitung

Malnehmen mit zweistelligen Zahlen

Zahlenrätsel, Sachaufgaben

Karteikarten für Stationentraining und Freiarbeit

Probebausteine mit Lösungen

Themenbereich: Division

Stundenbilder mit Arbeitsblättern:

Wir teilen halbschriftlich durch einstellige Zahlen

Wir teilen im Stellenhaus

Wir teilen schriftlich unter Verwendung von Stellenwerten

Wir teilen schriftlich - Endform

Wir teilen schriftlich mit Rest und rechnen die Probe

Wir teilen schriftlich durch zweistellige Zahlen

Zahlenrätsel, Sachaufgaben

Karteikarten für Stationentraining und Freiarbeit

Probebausteine mit Lösungen

Größen und Sachaufgaben

Stundenbilder mit Arbeitsblättern:

Hohlmaße (l, ml), auch in Brüchen und Dezimalbrüchen

Karteikarten für Stationentraining und Freiarbeit

Probebausteine mit Lösungen

€

Mathematik kompakt 4 Bd. II

Nr. 285 — 146 Seiten — € 20,90

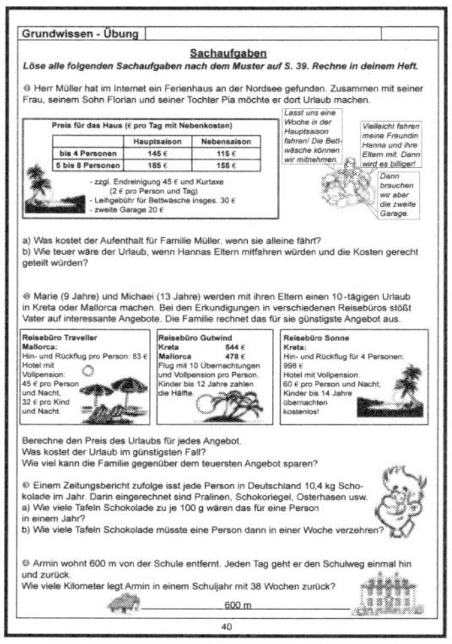

Inhaltsverzeichnis

€

Fit für den Übertritt

Nr. 372 — 86 Seiten — € 18,90

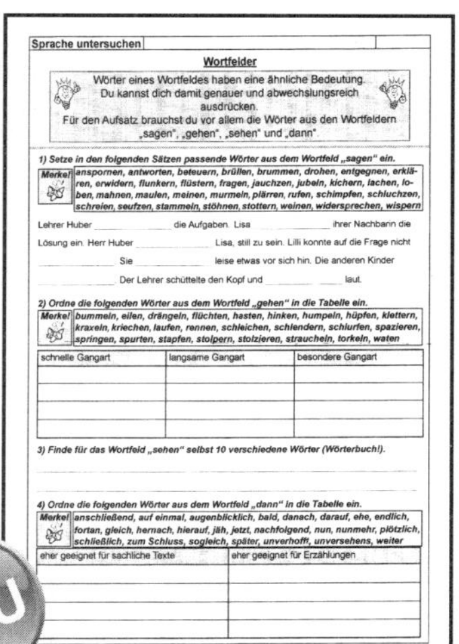

Das Skript „Fit für den Übertritt" orientiert sich an den von der Kultusministerkonferenz festgelegten Bildungsstandards im Fach Deutsch für den Primarbereich sowie an den Anforderungen der Prüfungsaufgaben im Probeunterricht.

Es umfasst die Teilbereiche „Rechtschreiben", „Sprache untersuchen", „Aufsatz" und „Lesen". Dabei werden im ersten ausführlicheren Teil die Grundkenntnisse wiederholt und - mit hilfreichen Tipps versehen - geübt. Im zweiten kürzeren Teil kann der Schüler mit Aufgaben, wie sie in Aufnahmeprüfungen vorkommen, sein Wissen auf den Prüfstand stellen. Im Anschluss daran befindet sich der Lösungsteil, mit dem Lehrer bzw. Schüler die Lösungen überprüfen können.

Aufgrund der speziellen Konzeption sind die Einsatzmöglichkeiten für dieses Buch sehr vielseitig:

• Unabhängig vom Sprachbuch kann das Skript das ganze Schuljahr über als Kopiervorlage für Arbeitsblätter verwendet werden. Damit wird der Unterrichtsstoff jeweils am Ende einer Unterrichtseinheit gesichert und vertieft und der Lernprozess erheblich vorangebracht. Im differenzierenden Unterricht kann der Lehrer übertrittswillige Schüler mit einem Arbeitsblatt fordern und fördern und sich selbst schwächeren Schülern widmen.

• Das Skript kann aber auch am Ende der vierten Jahrgangsstufe zur gesamten Wiederholung des Jahresstoffes eingesetzt werden. Der Lernstoff wird erneut aufgegriffen und durch die zahlreichen Übungsaufgaben weiter vertieft. Zu Beginn eines jeden Lerninhalts wird das Wichtigste kurz zusammengefasst und anhand von Beispielen erläutert. Der „Merkfuchs" gibt zusätzliche Hinweise oder Tipps und verweist auf Fehlerquellen, die - auf jahrelanger Unterrichtserfahrung basierend - immer wieder gemacht werden.

• Schließlich kann das Skript auch Eltern empfohlen werden, die ihr Kind optimal auf den Übertritt vorbereiten wollen. Dabei kann das Buch ganz durchgearbeitet werden oder es können gezielt die Teile herausgegriffen werden, in denen das Kind noch unsicher ist. Durch die direkte Anrede des Kindes und die Tipps vom „Merkfuchs" ist eigenständiges Arbeiten möglich. Mit dem ausführlichen Lösungsteil kann der Schüler seine Bearbeitung selbstständig überprüfen und korrigieren.

Fit für den Übertritt

Nr. 371 — 90 Seiten — € 18,90

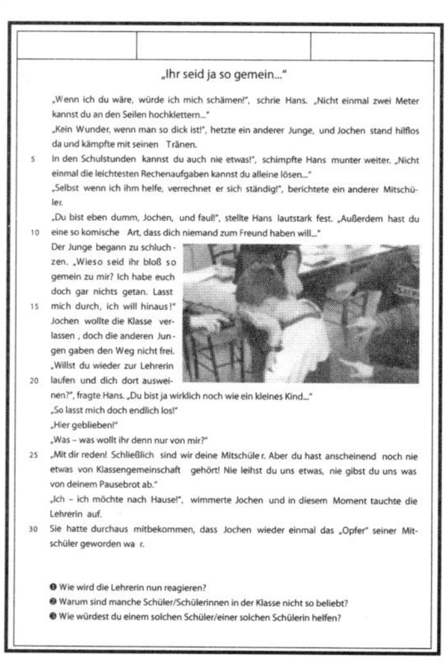

1. Die Geldtasche vom Stadtpark (Zurückgeben von gefundenen Gegenständen)
2. „Hilfst du mir?" (Mithilfe daheim)
3. Wenn man eine Aufgabe übernimmt (Gewissenhaftigkeit)
4. Das Spiel (Jemanden hereinlegen)
5. Nur Spaß (Spaß ist nur, was allen Spaß macht)
6. In der Straßenbahn (Höflichkeit)
7. „Oma, du nervst mich!" (Verständnis für alte Menschen)
8. „Dir kann ich es ja sagen ..." (Versprechen halten)
9. In der Eisdiele (Unkenntnis eines anderen ausnützen)
10. Lügen haben kurze Beine (Lügen haben keinen Sinn)
11. Im Kaufhaus (Ladendiebstahl)
12. „Das ist unfair!" (Vorurteile)
13. „Dir werd`ich`s zeigen!" (Neid)
14. Angst (Horrorfilme)
15. „Ich hab`s genau gesehen" (Verpetzen)
16. Was keiner sieht ... (Umweltschutz)
17. „Ihr seid ja so gemein!" (Verspotten von Mitschülern)
18. „Komm fang mich!" (Verspotten von Mitschülern)
19. „Ich bin die Beste" (Eindruck machen wollen)
20. Schifahren (Imponiergehabe)
21. Der Unfall (Andere nicht zu Wort kommen lassen)
22. Geburtstag (Markenbewusstsein)
23. „So ein Krawall" (Lärmstörung)
24. Wir sind schlau (Vordrängen)
25. „Ich hab`s eilig" (Stress am Morgen, Schlamperei)
26. Die Fahrkarte (Hilfsbereitschaft)
27. Vom Leben vergessen (Außenseiter der Gesellschaft)
28. Auch wenn man nur die Wahrheit sagt (Auch die Wahrheit kann weh tun)
29. Wenn die Schule aus ist (Gedränge am Schulbus)
30. Hoch soll er leben (Ehrlichkeit)
31. Telefonitis (Lange Telefongespräche)
32. Au, jetzt hat er mich wieder gebissen! (Umgang mit Schulsachen)
33. Machen Kleider Leute? (Menschen nach dem Äußeren beurteilen)
34. So eine Dummheit! (Mutwillige Sachbeschädigung)
35. Auch wenn die Neugier groß ist ... (Briefgeheimnis)
36. Quäle nie ein Tier zum Spaß (Tierquälerei)

Du

Nr. 519 — 40 Seiten — € 12,90

Stand der Preise 2009 - Bitte beachten Sie unsere aktuelle Preisliste!